TOUCANS OF THE AMERICAS | **TUCANOS DAS AMÉRICAS**

TUCANOS

LEI DE INCENTIVO À CULTURA
MINISTÉRIO DA CULTURA

TUCANOS

TUCANOS DAS AMÉRICAS

TOUCANS OF THE AMERICAS

Página ao lado / *Page alongside*
MAURÍCIO BARBATO (1963)
Floresta, 2002 / *Jungle, 2002*
acrílico sobre tela / *acrylic on canvas*

TOUCANS OF THE AMERICAS

TUC

AUTOR / *AUTHOR*
HERCULANO ALVARENGA

AQUARELAS / *WATERCOLORS*
EDUARDO BRETTAS

APRESENTAÇÃO / *INTRODUCTION*
MAURÍCIO PONTUAL

ANOS
TUCANOS DAS AMÉRICAS

RIO DE JANEIRO, NOVEMBRO DE 2004 / *NOVEMBER, 2004*

M. PONTUAL
EDIÇÕES E ARTE

THE BIRD MAN

JOHN GOULD (1804-1881)

Quando morreu, em 1881, John Gould deixou-nos um fantástico legado de beleza e conhecimento científico sobre as jóias mais sublimes da natureza: as aves.

Ao morrer, escolheu seu próprio epitáfio: JOHN GOULD, "THE BIRD MAN".

Sua obra sobre aves é imensa, sendo considerado o mais prolífico artista e editor de assuntos ornitológicos de todos os tempos. Seu nome é tão conhecido no mundo inteiro quanto Audubon o é na América do Norte. Em 1832, enquanto ainda se dedicava à gigantesca tarefa de ilustrar todas as aves da Europa, JOHN GOULD iniciou os trabalhos para produzir sua primeira monografia: "A Monograph of the Ramphastidae".

O resultado, em 24 reproduções de tucanos, dada a combinação de novidade estética e precisão científica, foi um grande sucesso, que perdura até hoje em raríssimos exemplares.

Por seu insuperável labor científico, incrível tenacidade na catalogação e busca das espécies à época ainda não classificadas e, sobretudo, por seu amor às aves, nós dedicamos este livro à memória de JOHN GOULD, "THE BIRD MAN".

Mauricio Pontual, editor
Herculano Alvarenga, autor
Eduardo Brettas, ilustrador

During his lifetime, JOHN GOULD built up a fantastic legacy of beauty and scientific knowledge that he bequeathed to us, focused on the most sublime jewels of Nature: Birds.

In return, he had the privilege of selecting his own epitaph: THE BIRD MAN.

His immense body of work on bird studies ranks him as the most prolific artist and publisher of ornithological topics of all times. He is just as famous all over the world as the name Audubon is in North America. In 1832, while still deeply involved with the gigantic task of portraying all the birds of Europe, JOHN GOULD made a start on the preparatory work for his first monograph: A Monograph of the Ramphastidae.

Consisting of 24 reproductions of toucans the outcome was a resounding success, due to the combination of an innovative aesthetic approach and scientific accuracy; it is still very appealing today, although only a few extremely rare copies have survived.

In appreciation of his unparalelled scientific efforts, his incredible tenacity in cataloguing, and surveying for species not yet classified and, above all, his love of birds, we dedicate this book to the memory of THE BIRD MAN, JOHN GOULD.

The publisher, Mauricio Pontual
Author, Herculano Alvarenga
Illustrator, Eduardo Brettas

Página ao lado / *Page alongside*
ARAÇARI-MULATO / ***CURL-CRESTED ARACARI***
Pteroglossus beauharnaesii Wagler, 1832

AGRADECIMENTOS / *ACKNOWLEDGEMENTS*

Autor e ilustrador agradecem às diversas instituições, especialmente a seus curadores, que permitiram o exame do material utilizado na pesquisa para o presente trabalho. O apoio dessas instituições foi fundamental tanto para a confecção das pranchas quanto para a comparação das aves na elaboração de nossa opinião pessoal. Nosso muito obrigado ao Museu de História Natural de Taubaté, Museu de Zoologia da Universidade de São Paulo, Museu Nacional do Rio de Janeiro, Museu de Zoologia da Universidade Estadual de Campinas (UNICAMP), Museu Paraense Emilio Goeldi, National Museum of Natural History, Washington, D.C. (Smithsonian Institution). E aos inúmeros colegas que participaram tanto de discussões como também com informações extremamente úteis para a confecção deste livro, a eles deixamos os nossos agradecimentos.
Menção especial Gabriella Meira.

The author and the illustrator thank the institutions – particularly their Curators – that allowed them to access the materials used in the research for this publication. The support of these institutions was vital for preparing the plates and comparing examples and copies for our personal opinions. We offer our most sincere thanks to the Taubaté Museum of Natural History (Museu de História Natural de Taubaté), the Zoology Museum at the University of São Paulo (Museu de Zoologia da Universidade de São Paulo), the National History Museum in Rio de Janeiro (Museu Nacional do Rio de Janeiro), the Zoology Museum at the State University, Campinas (Museu de Zoologia a Universidade Estadual de Campinas), the Emilio Goeldi Museum in Pará State (Museu Paraense Emílio Goeldi), and the National Museum of Natural History, Washington, D.C. (Smithsonian Institution). To the countless colleagues who participated in discussions and provided useful information for this book we also offer our warmest gratitude.
Spetial mention Gabriella Meira.

ÍNDICE / INDEX

Prancha / Plate 1
ARAÇARI-DE-NARIZ-AMARELO / *EMERALD TOUCANET*
Aulacorhynchus prasinus prasinus (Gould, 1834) (acima / above) *Aulacorhynchus prasinus caeruleogularis* (Gould, 1854) (abaixo / below)
PÁGINA/PAGE 29

Prancha / Plate 2
ARAÇARI-DE-NARIZ-AMARELO / *EMERALD TOUCANET*
Aulacorhynchus prasinus dimidiatus (Ridgway, 1886)
PÁGINA/PAGE 31

Prancha / Plate 3
ARAÇARI-DE-BICO-SULCADO / *GROOVE-BILLED TOUCANET*
Aulacorhynchus sulcatus sulcatus (Swainson, 1820) (acima / above) *Aulacorhynchus sulcatus calorhynchus* (Gould, 1874) (abaixo / below)
PÁGINA/PAGE 35

Prancha / Plate 4
ARAÇARI-DE-CAUDA-MARROM / *CHESTNUT-TIPED TOUCANET*
Aulacorhynchus derbianus derbianus Gould 1835 (acima / above) *Aulacorhynchus derbianus duidae* Chapman, 1929 (abaixo / below)
PÁGINA/PAGE 37

Prancha / Plate 5
ARAÇARI-DE-DORSO-ENCARNADO / *CRIMSON-RUMPED TOUCANET*
Aulacorhynchus haematopygus haematopygus (Gould, 1835)
PÁGINA/PAGE 39

Prancha / Plate 6
ARAÇARI DE HUALLAGA / *YELLOW-BROWED TOUCANET*
Aulacorhynchus huallagae Carriker, 1933
PÁGINA/PAGE 41

Prancha / Plate 7
ARAÇARI-DE-CINTA-AZUL / *BLUE-BANDED TOUCANET*
Aulacorhynchus coeruleicinctis d'Orbigny, 1840
PÁGINA/PAGE 43

Prancha / Plate 8
ARAÇARIPOCA-GRANDE / *YELLOW-EARED TOUCANET*
Selenidera spectabilis Cassin, 1857 (macho acima / male above)
PÁGINA/PAGE 45

Prancha / Plate 9
ARAÇARIPOCA-DA-GUIANA / *GUIANAN TOUCANET*
Selenidera piperivora (Linnaeus, 1766) (fêmea acima / female above)
PÁGINA/PAGE 47

Prancha / Plate 17
ARAÇARI-DE-BICO-PRETO / *BLACK-BILLED MOUNTAIN-TOUCAN*
Andigena nigrirostris nigrirostris (Waterhouse, 1839) (acima / above) *Andigena nigrirostris occidentalis* (Chapman, 1915) (abaixo / below)
PÁGINA/PAGE 63

Prancha / Plate 18
ARAÇARI-BANANA / *SAFFRON TOUCANET*
Baillonius bailloni (Vieillot, 1819)
PÁGINA/PAGE 65

Prancha / Plate 19
ARAÇARI-VERDE / *GREEN-TOUCANET*
Pteroglossus viridis (Linnaeus, 1766) (macho acima / male above)
PÁGINA/PAGE 67

Prancha / Plate 20
ARAÇARI-LETRADO / *LETTERED ARACARI*
Pteroglossus inscriptus inscriptus Swainson, 1822 (fêmea acima / female above)
PÁGINA/PAGE 69

Prancha / Plate 21
ARAÇARI-LETRADO / *LETTERED ARACARI*
Pteroglossus inscriptus humboldti Wagler, 1827 (macho acima / male above)
PÁGINA/PAGE 71

Prancha / Plate 22
ARAÇARI-DE-NUCA-VERMELHA / *RED-NECKED ARACARI*
Pteroglossus bitorquatus bitorquatus Vigors, 1826 (abaixo / below) *Pteroglossus bitorquatus sturmii* Natterer, 1842 (acima / above)
PÁGINA/PAGE 73

Prancha / Plate 23
ARAÇARI-BICO-DE-MARFIM / *IVORY-BILLED ARACARI*
Pteroglossus azara azara (Vieillot, 1819)
PÁGINA/PAGE 75

Prancha / Plate 31
ARAÇARI-MULATO / *CURL-CRESTED ARACARI*
Pteroglossus beauharnaesii Wagler, 1832
PÁGINA/PAGE 91

Prancha / Plate 32
TUCANO-DE-BICO-VERDE / *RED-BREASTED TOUCAN*
Ramphastos dicolorus Linnaeus, 1766
PÁGINA/PAGE 93

Prancha / Plate 33
TUCANO-DE-BICO-PRETO / *CHANNEL-BILLED TOUCAN*
Ramphastos vitellinus vitellinus Lichtenstein, 1823
PÁGINA/PAGE 95

Prancha / Plate 34
TUCANO-DE-BICO-PRETO / *CHANNEL-BILLED TOUCAN*
Ramphastos vitellinus ariel Vigors, 1826
PÁGINA/PAGE 97

Prancha / Plate 35
TUCANO-DE-BICO-PRETO / *CHANNEL-BILLED TOUCAN*
Ramphastos vitellinus pintoi Peters, 1945
PÁGINA/PAGE 99

Prancha / Plate 36
TUCANO-DE-BICO-PRETO / *CHANNEL-BILLED TOUCAN*
Ramphastos vitellinus theresae Reiser, 1905
PÁGINA/PAGE 101

Prancha / Plate 37
TUCANO-DE-BICO-PRETO / *CHANNEL-BILLED TOUCAN*
Ramphastos vitellinus citreolaemus Gould, 1844
PÁGINA/PAGE 103

AGRADECIMENTOS 9 / ACKNOWLEDGEMENTS 9

APRESENTAÇÃO 12 / INTRODUCTION 13

TUCANOS E ARAÇARIS 14 / TOUCANS, TOUCANETS AND ARACARIS 15

MAPA DA REGIÃO TROPICAL DAS AMÉRICAS 26 E 27 / MAP OF THE TROPICAL REGION OF THE AMERICAS 26 AND 27

AQUARELAS 28 A 117 / WATERCOLORS 28 TO 117

BIBLIOGRAFIA 118 / REFERENCES 119

Prancha / Plate 10
ARAÇARIPOCA-DE-NATTERER / TAWNY-TUFTED TOUCANET
Selenidera nattereri (Gould, 1836) (fêmea acima / female above)
PÁGINA/PAGE 49

Prancha / Plate 11
ARAÇARIPOCA-DE-REINWARDT / GOLD-COLLARED TOUCANET
Selenidera reinwardtii reinwardtii (Wagler, 1827) (macho acima / male above)
Selenidera reinwardtii langsdorffii (Wagler, 1827) (macho à direita e fêmea à esquerda / male on right and female on left)
PÁGINA/PAGE 51

Prancha / Plate 12
ARAÇARIPOCA-DE-GOULD / GOULD'S TOUCANET
Selenidera gouldii (Natterer, 1837) (fêmea acima / female above)
PÁGINA/PAGE 53

Prancha / Plate 13
ARAÇARIPOCA-DE-BICO-RISCADO / SPOT-BILLED TOUCANET
Selenidera maculirostris (Lichtenstein, 1823) (macho acima / male above)
PÁGINA/PAGE 55

Prancha / Plate 14
ARAÇARI-AZUL / GREY-BREASTED MOUNTAIN-TOUCAN
Andigena hypoglauca lateralis Chapman, 1923
PÁGINA/PAGE 57

Prancha / Plate 15
ARAÇARI-DE-CAPUZ / HOODED MOUNTAIN-TOUCAN
Andigena cucullata (Gould, 1846)
PÁGINA/PAGE 59

Prancha / Plate 16
ARAÇARI-BICO-DE-PLACA / PLATE-BILLED MOUNTAIN-TOUCAN
Andigena laminirostris Gould, 1851
PÁGINA/PAGE 61

Prancha / Plate 24
ARAÇARI-BICO-DE-MARFIM / IVORY-BILLED ARACARI
Pteroglossus azara flavirostris Frazer, 1841
PÁGINA/PAGE 77

Prancha / Plate 25
ARAÇARI-MINHOCA / BLACK-NECKED ARACARI
Pteroglossus aracari aracari (Linnaeus, 1758) (abaixo / below)
Pteroglossus aracari atricollis (Müller, 1776) (acima / above)
PÁGINA/PAGE 79

Prancha / Plate 26
ARAÇARI-CASTANHO / CHESTNUT-EARED ARACARI
Pteroglossus castanotis australis Cassin, 1867
PÁGINA/PAGE 81

Prancha / Plate 27
ARAÇARI-DE-CINTA-DUPLA / MANY-BANDED ARACARI
Pteroglossus pluricinctus Gould, 1836
PÁGINA/PAGE 83

Prancha / Plate 28
ARAÇARI-COLEIRA / COLLARED ARACARI
Pteroglossus torquatus torquatus (Gmelin, 1788) (fêmea acima / female above)
PÁGINA/PAGE 85

Prancha / Plate 29
ARAÇARI-COLEIRA / COLLARED ARACARI
Pteroglossus torquatus erythropygius Gould, 1843
PÁGINA/PAGE 87

Prancha / Plate 30
ARAÇARI-COLEIRA / COLLARED ARACARI
Pteroglossus torquatus frantzii Cabanis, 1861
PÁGINA/PAGE 89

Prancha / Plate 38
TUCANO-DE-PAPO-BRANCO / WHITE-THROATED TOUCAN
Ramphastos tucanus tucanus Linnaeus, 1758
PÁGINA/PAGE 105

Prancha / Plate 39
TUCANO-DE-PAPO-BRANCO / WHITE-THROATED TOUCAN
Ramphastos tucanus cuvieri Wagler, 1827
PÁGINA/PAGE 107

Prancha / Plate 40
TUCANO-DE-PAPO-AMARELO / YELLOW-THROATED TOUCAN
Ramphastos ambiguus ambiguus Swainson, 1823
PÁGINA/PAGE 109

Prancha / Plate 41
TUCANO-DE-PAPO-AMARELO / YELLOW-THROATED TOUCAN
Ramphastos ambiguus swainsoni Gould, 1833
PÁGINA/PAGE 111

Prancha / Plate 42
TUCANO-CHOCÓ / CHOCO TOUCAN
Ramphastos brevis Schauensee, 1945
PÁGINA/PAGE 113

Prancha / Plate 43
TUCANO-DE-BICO-ARCO-ÍRIS / RAINBOW-BILLED TOUCAN
Ramphastos sulfuratus brevicarinatus Gould, 1854
PÁGINA/PAGE 115

Prancha / Plate 44
TUCANO-TOCO / TOCO TOUCAN
Ramphastos toco toco Müller, 1776
PÁGINA/PAGE 117

APRESENTAÇÃO

MAURÍCIO PONTUAL
EDITOR

Gradativamente, o terceiro milênio vem trazendo ao mundo o despertar da consciência ecológica. Tomou corpo, em todos os países, a percepção de que a proteção do nosso planeta, em todas as suas formas de vida, passa a ser a mais importante das tarefas dos seres humanos. O conservacionismo tornou-se obrigação e responsabilidade de todos nós. As manifestações globais de formadores de opinião tais como: artistas, poetas, escritores, músicos e intelectuais, de um modo geral, coloca-nos frente a frente a uma opção assustadora: preservar ou destruir.

Dentro desse conceito, passamos a buscar, em nossas atividades empresariais – no meu caso que sempre estive ligado ao comércio de arte e, especificamente, a pinturas dos séculos XIX e XX - uma forma de atividade que contribuísse para a educação ecológica sem deixar de ser uma manifestação bela e artística... uma mensagem de amor à Mãe Natureza!

Por uma indicação muito querida, conheci o artista naturalista Eduardo Brettas que, de forma meticulosa, dedica seu tempo a representar em belíssimas aquarelas os pássaros das mais variadas espécies. Com rara combinação de uma arte naturalmente desenvolvida e um agudo senso de observação (naturalista), Eduardo parece que dá vida às aves que representa.

A idéia de editarmos um livro com aquarelas de Eduardo Brettas apresentando os belíssimos e exóticos pássaros que são os tucanos e araçaris – habitantes das florestas das Américas desde o México até o Sul do Brasil – surgiu, naturalmente, devido ao desejo de nos inserirmos no movimento internacional de preservação das espécies.

A escolha do ornitólogo Herculano Alvarenga para redigir o texto talvez tenha sido o evento mais feliz de todo este nosso projeto. Dono dos mais sólidos conhecimentos na área ornitológica e com renomada reputação internacional, esse brasileiro de Taubaté, interior do Estado de São Paulo, confere a este nosso primeiro livro o embasamento científico que certamente o colocará a altura das grandes obras sobre o assunto. Autor e ilustrador formam uma perfeita parceria, rica em texto e imagens.

A *M. Pontual Edições e Arte* apresenta uma obra que, por ser científica, é ao mesmo tempo um livro de arte, dentro dos moldes dos grandes ornitólogos e artistas (ilustradores) como: John Gould, Descourtilz, Castelnau, Desmarest e Audubon e outros que se destacaram no século XIX.

Estaremos complementando este trabalho, com a edição de um número de pranchas – em tamanho natural – autenticadas, numeradas e assinadas pelo artista Eduardo Brettas.

A apreciação destes *Tucanos das Américas* será o nosso estímulo para seguirmos esse caminho de amor à natureza.

INTRODUCTION

MAURÍCIO PONTUAL
THE PUBLISHER

The Third Millennium is gradually awakening an ecological awareness all over the world. In all countries, a perception is developing that the protection of our planet and all its life-forms has become the most important task of human beings. Conservationism has grown into an obligation, the responsibility of us all. Global demonstrations by opinion-shapers such as artists, poets, writers, musicians and intellectuals in general bring us face-to-face with a terrifying option: preserve or destroy.

Closely attuned to this concept, in our business activities that have always been linked to dealing in art, more specifically XIX and XX century paintings, we began to seek some type of activity that could contribute to environmental education, while still remaining an artistic expression of beauty ... a message of love for Mother Nature.

Through a very special introduction, we met nature painter Eduardo Brettas, who devotes his time to meticulous representations of a wide variety of bird species, in magnificent watercolors. Through this rare combination of an art developed naturally and the keen observation of a naturalist, Brettas seems to bring to life the birds that he paints.

The idea of publishing a book featuring the exotic and eye-catching birds known as Toucans, Toucanets and Aracaris – dwelling in the forests of the Americas from Mexico to Southern Brazil – arose naturally, prompted by our wish to work within the international drive helping preserve these species.

The selection of ornithologist Herculano Alvarenga to write the text was perhaps the most felicitous aspect of our entire project. Endowed with solid knowledge and expertise in the field of ornithology, and with an impeccable international reputation, this Brazilian from Taubaté in upstate São Paulo provides our first book with solid scientific foundations that will surely rank it among major works on this topic. Together, its author and illustrator form a perfect partnership, producing a wealth of texts and images.

Presenting a project that is both a work of science and an art book at the same time, M. Pontual Editions follows in the footsteps of the great ornithologists and artists (illustrators) of the past, such as: John Gould, Descourtilz, Castelnau, Desmarest and Audubon, as well as others dating back to the XIX century.

We are supplementing this book by publishing a number of life-size plates that will be authenticated, numbered and signed by the artist.

The reader's appreciation of Toucans of the Americas will be our inspiration to forge ahead along this path of love for Nature.

TUCANOS E ARAÇARIS

HERCULANO ALVARENGA

Tucanos e araçaris são aves notáveis pelo rico colorido da plumagem, pelo tamanho e forma singular do bico, pela face nua que exibe seus olhos vivos que emanam energia e vitalidade. São aves que impressionam até os mais indiferentes. Movimentam com lentidão a cabeça enquanto seus olhos rapidamente olham em todas as direções, dando a essas aves uma expressão de inteligência e superioridade.

Compõem a família Ramphastidae, que em cunho popular, podemos chamar de ranfastídeos. Fazem parte da ordem Piciformes juntamente com as famílias *Picidae* (pica-paus) de distribuição cosmopolita; Indicatoridae (indicadores-de-mel), que ocorrem apenas na África e Ásia, e a família Capitonidae (capitães-de-bigode), que se distribui pelas regiões tropicais da América, África e Ásia. Os indicatorídeos são mais aparentados com os picídeos, enquanto os capitonídeos são mais próximos dos ranfastídeos.

A ordem Piciformes se caracteriza pelos pés zigodáctilos (os dedos 2 e 3 são voltados para frente; enquanto os dedos 1 e 4, para trás); o bico é forte e possuem o hábito de picar a madeira, típico nos pica-paus, mas presente em menor intensidade nas espécies das demais famílias; voam em trajetória sinuosa (na vertical) alternando séries de batidas de asas (ganhando altura) intercaladas com "mergulhos" com as asas quase fechadas, quando perdem altura. No esqueleto, os Piciformes apresentam o esterno com duas incisuras de cada lado, o coracóide estreito e longo; ranfastídeos e capitonídeos possuem as clavículas separadas sem formar a fúrcula, enquanto nos picídeos e indicatorídeos estas são unidas (Höfling e Alvarenga, 2001).

Ranfastídeos e capitonídeos são realmente bastante semelhantes e já foram até considerados uma família única (Prum, 1988). Em outros arranjos, apenas os capitonídeos sul-americanos foram tratados juntos com os tucanos na família Ramphastidae (Sibley e Monroe, 1990). Na realidade, os capitonídeos não possuem o bico agigantado como os tucanos e araçaris, além de apresentarem um palato parcialmente fendido, com o vômer bifurcado no ápice, semelhante ao dos Passeriformes (tipo egitognatho), enquanto nos ranfastídeos o palato é totalmente fechado (tipo desmognato) e o vômer é ausente. Outra diferença importante é a morfologia da língua que nos ranfastídeos se assemelha a uma pena longa e queratinizada atingindo até a extremidade do bico, enquanto nos capitonídeos é curta e larga.

Como curiosidade, os calaus, que pertencem à ordem Coraciformes, família Bucerotidae, também possuem bicos agigantados, assemelhando-se aos tucanos; vivem na África, Ásia e Indonésia e a semelhança observada nos bicos é apenas uma convergência evolutiva e não parentesco.

O bico dos ranfastídeos, pelo seu tamanho, às vezes, aparenta desequilibrar a ave, porém são extremamente leves por serem pneumatizados, ou seja, preenchidos com ossos esponjosos nos quais entremeiam cavidades pneumáticas. No entanto, o bico é resistente e também tem a função de caixa de ressonância para os gritos e alaridos dessas aves. Mas é bom ter cautela, pois uma bicada dessas aves é extremamente dolorosa e pode-se dizer até mesmo perigosa pelos estragos que podem causar, tanto pela potência muscular como pelas bordas (tômias) serrilhadas da maxila e a extremidade sempre pontiaguda.

A família Ramphastidae é constituída de seis gêneros e cerca de 33 espécies, várias das quais apresentam subespécies ou raças geográficas. Essas aves parecem estar em franca explosão evolutiva, existindo discórdia entre os ornitólogos quanto ao número de espécies, pois, para muitos, algumas formas referidas como subespécies ou raças geográficas de uma espécie são consideradas como espécies à parte por outros, e vice-versa.

TOUCANS, TOUCANETS AND ARACARIS

HERCULANO ALVARENGA

With their huge curved bills and vivid plumage, toucans, toucanets and aracaris are eye-catching birds whose featherless faces frame lively eyes brimming with energy and vitality. Impressing even people who are indifferent to birds, their heads move slowly as their eyes glance around in all directions, endowing them with a haughty and intelligent air.

Known commonly as ramphastids, they constitute the **Ramphastidae** family, belonging to the order Piciformes, together with woodpeckers (**Picidae**) that are found all over the world; honeyguides (Indicatoridae), living only in Africa and Asia; and barbets (**Capitonidae**), restricted to the tropical regions of Africa, Asia and the Americas. Honeyguides (indicatorids) resemble woodpeckers (picids), while barbets (capitonids) are closer to toucans (ramphastids).

The order Piciformes is characterized by zygodactyl feet (the two middle toes face forward, while the outer pair are turned backward); with a strong bill, it has the typical woodpecker habit of chipping away at tree-trunks, although to a lesser extent than species belonging to the other families. Its up-spiraling flight is driven by a series of wing-beats to gain altitude, interspersed with plunges when it loses height, its wings neatly tucked in. The Piciformes sternum has two incisions on each side and a long narrow coracoid bone; ramphastids and capitonids have separate clavicles that do not form a furcula or wishbone, although they are fused in the picids and indicatorids (Höfling & Alvarenga, 2001).

Ramphastids and capitonids are really quite similar, and at one time were considered as a single family (Prum, 1988), while in other arrangements, only the South-American capitonids were treated together with the toucans assigned to the **Ramphastidae** family (Sibley & Monroe, 1990). In fact, the capitonids do not have a huge bill like the toucans, toucanets and aracaris; their palate is partially divided, with the vomer forked at the apex, similar to the Passeriformes (aegithognathous type), while the palate is completely closed in the ramphastids (desmognathus type) and the vomer is absent. Another important difference is the tongue morphology: in the ramphastids, it is shaped like a long keratinized feather extending as far as the tip of the bill, while in the capitonids it is short and broad.

As a matter of interest, the hornbills of Africa, Asia and Indonesia – which belong to the order Coraciforme, **Bucerotidae** family – also have huge bills, similar to the toucans. However, this similarity is merely the outcome of convergent evolution, rather than any family relationship.

The sheer size of the ramphastid bill may at times seem to overbalance the bird; however, it is extremely light, as it is made of spongy bone interspersed with air cavities. Nevertheless, it is strong and also serves as a sounding-box for the screams and squawks of these birds. But caution is required, because a peck by one of these birds is very painful, and may even be dangerous, due to the damage it can cause through the powerful muscles and saw-toothed edges (tomia) of its maxilla and sharp-tipped bill.

The **Ramphastidae** family consists of six genera and some 33 species, several with subspecies or geographic races. These birds seem to be evolving rapidly, with ornithologists disagreeing over the number of species, as some types that many experts classify as subspecies or geographic races of a species are considered as species by others, and vice versa.

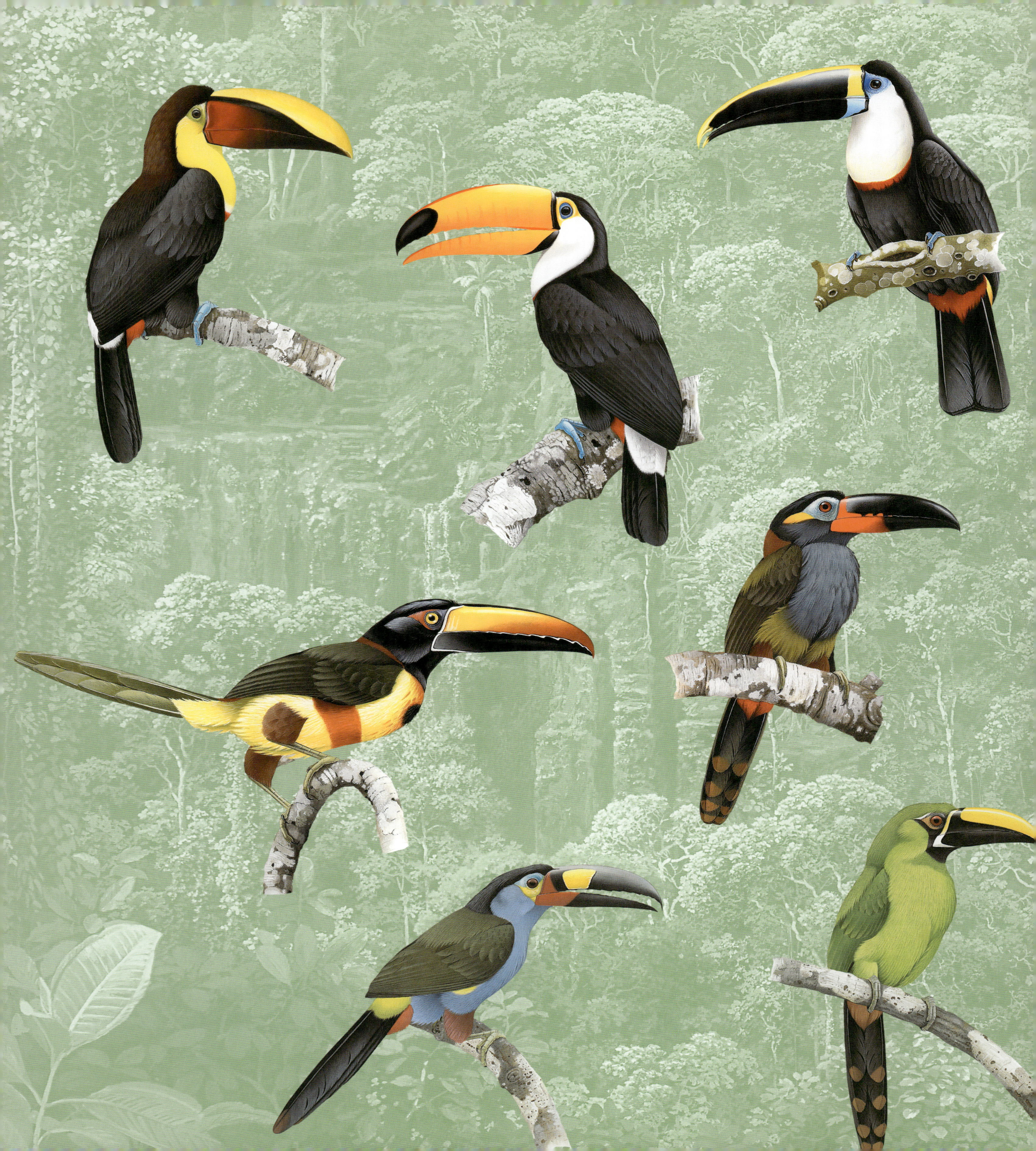

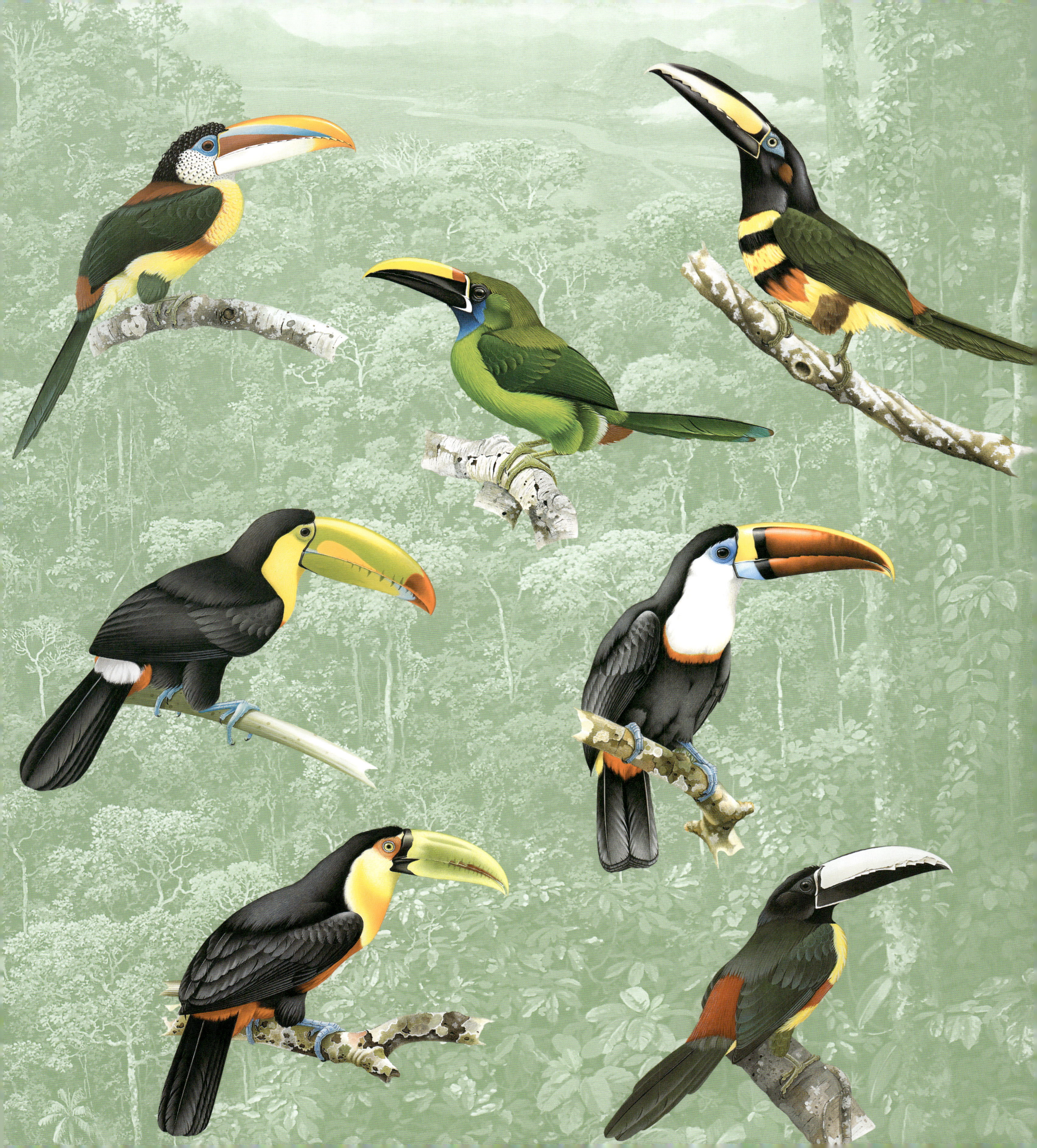

Concluindo, a classificação dos tucanos e araçaris pode ser resumida no esquema abaixo:

ORDEM	FAMÍLIA	GÊNERO
Piciformes	**RAMPHASTIDAE**	*Aulacorhynchus* (6 espécies)
		Selenidera (6 espécies)
		Andigena (4 espécies)
		Baillonius (1 espécie)
		Pteroglossus (9 espécies)
		Ramphastos (7 espécies)
	Capitonidae	
	Indicatoridae	
	Picidae	

EVOLUÇÃO

A família Capitonidae, de distribuição pantropical, deve representar a forma basal ou ancestral dos ranfastídeos. Os capitonídeos são muito mais diversificados no continente africano, que deve ter sido o chamado "centro de origem e dispersão" do grupo que compreende os ranfastídeos e os capitonídeos.

Embora existam fósseis de capitonídeos no Mioceno Inferior e Médio (há 15 ou vinte milhões de anos) da Europa (Ballmann, 1969; 1983) e no Mioceno da América do Norte (Olson, 1985), a hipótese mais plausível é de que os Capitonidae e Ramphastidae da América do Sul tenham sido originados da África durante o Oligoceno, quando um importante intercâmbio faunístico ocorreu entre esses dois continentes (certamente, a distância era muito menor que a atual e pontes de terra podem ter existido), o que sugere explicação também para a origem dos primatas, roedores caviomorfos e, possivelmente, outros grupos de aves sul-americanas, como os papagaios (Psittacidae), do continente americano.

Dessa forma, acredita-se que foi na África que se deu a origem e diversificação do grupo e dois estoques primitivos migraram para a América do Sul: um grupo que manteve a forma mais primitiva dos capitonídeos e outra de bico mais avantajado (mais derivada) que deu origem aos ranfastídeos americanos; o que sugere que teriam existido ranfastídeos primitivos na África antes ou durante o Oligoceno. Importante observar que na América não existem formas intermediárias entre capitonídeos e ranfastídeos. Essa hipótese, infelizmente, ainda não é comprovada por fósseis.

A análise da variação geográfica de algumas espécies fornece um rico material para discussão e compreensão do processo de especiação, ou seja, da origem de novas espécies, merecendo notoriedade o trabalho de Haffer (1974), que evidencia os grandes rios da região amazônica como barreiras naturais que separam diversas espécies e subespécies de ranfastídeos. Entretanto, as explicações evolutivas dadas pelo referido autor e por Sick (1984; 1997) são baseadas na idéia de especiação, admitindo-se a teoria dos refúgios pleistocênicos que se formaram com as glaciações, entre o máximo de dois milhões e dez mil anos.

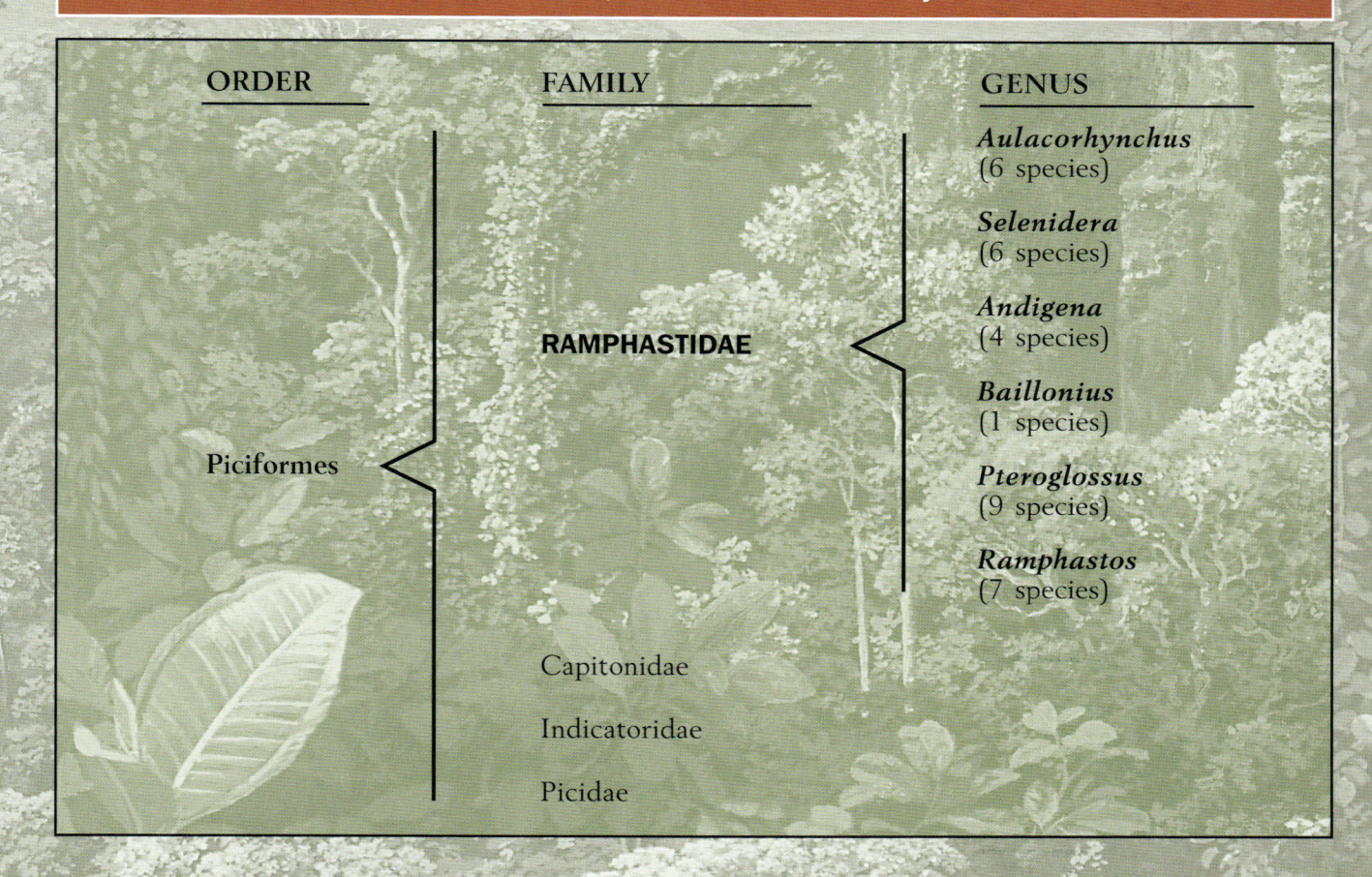

In conclusion, the classification of the toucans, toucanets and aracaris may be summarized as shown below:

ORDER	FAMILY	GENUS
Piciformes	**RAMPHASTIDAE**	*Aulacorhynchus* (6 species)
		Selenidera (6 species)
		Andigena (4 species)
		Baillonius (1 species)
		Pteroglossus (9 species)
		Ramphastos (7 species)
	Capitonidae	
	Indicatoridae	
	Picidae	

EVOLUTION

The Capitonidae Family follows a pan-tropical distribution pattern, and probably represents the basic or ancestral form of the ramphastids. The capitonids are far more diversified on the African continent, which might well be called the "origin and dispersal core" of this group, which includes the ramphastids and capitonids.

Although capitonid fossils date back to the Middle and Lower Miocene (fifteen or twenty million years ago) in Europe (Ballmann, 1969; 1983) and the Miocene in North America (Olson, 1985), the most plausible hypothesis is that, in South America, the Capitonidae and Ramphastidae originated in Africa during the Oligocene, when an important exchange of fauna took place between these two continents (the distance between them was certainly shorter than it is today, and land bridges may well have existed). This also offers an explanation for the origin of the primates, caviomorph rodents and possibly other groups of South-American birds, such as the parrots (Psittacidae).

Consequently, we believe that this group originated in Africa and diversified there, with the two primitive breeding stocks migrating to South America: one group has retained the more primitive form of the capitonids, while the other developed more, with a larger bill and giving rise to the ramphastids of the Americas. This indicates that primitive ramphastids may well have existed in Africa before or during the Oligocene. It is important to note that in the Americas there are no forms midway between the capitonids and ramphastids. Unfortunately, this hypothesis has not yet been proven by fossils.

An analysis of the geographical variation of some species offers ample matter for discussion and understanding of the speciation process, meaning the origin of new species. The work by Haffer (1974) is particularly noteworthy, suggesting that the huge rivers of Amazonia serve as natural barriers separating several species and subspecies of ramphastids. However, the evolutionary explanations given by this author and by Sick (1984; 1997) are based on the idea of speciation, accepting the theory of Pleistocene refuges formed by glaciation between two million and ten thousand years ago.

Atualmente, novos avanços permitem uma melhor avaliação sobre o tempo de duração (existência) de uma espécie para as aves (Stewart, 2002; Tyrberg, 2002), lembrando que os ancestrais das aves atuais há dez ou 15 milhões de anos não eram muito diferentes das formas atuais. Uma nova luz à essa questão é dada com o trabalho de Olson e Rasmussen (2001), que identificaram cerca de 54 gêneros e 112 espécies de aves do Mioceno Médio e Plioceno Inferior (entre dez a seis milhões de anos atrás) de uma região do extremo leste dos Estados Unidos, entre as quais cerca de 87% são atribuídas a gêneros atuais e 50% a espécies atuais. Conclui-se, portanto, que o tempo necessário para as especiações das aves (e dos ranfastídeos) é de pelo menos alguns milhões de anos e que não aconteceu somente no Pleistoceno conforme pleiteava a teoria dos refúgios e dos autores supracitados.

DISTRIBUIÇÃO E MIGRAÇÃO

Hoje, os ranfastídeos são exclusivamente neotropicais. Habitam desde a porção central do México até o Sul do Brasil. Muitas espécies vivem nas planícies próximas ao mar, enquanto outras como as representantes dos gêneros **Andigena** e **Aulacorhynchus** vivem nas matas de grande altitude nos Andes, até próximo dos 3.500 m. No Sudeste do Brasil, na Serra da Mantiqueira, **Ramphastos dicolorus** e **Baillonius bailloni** habitam até próximo dos 2.000 m.

Na Amazônia, observamos que os grandes rios funcionam como barreira ecológica para inúmeras espécies ou subespécies de ranfastídeos, que obviamente não têm potência de vôo suficiente para cruzar os mais caudalosos rios. Para as formas que habitam as florestas andinas, a altitude representa outro tipo de barreira ecológica. Na porção oeste da Amazônia, bem como ao sul do rio Amazonas, ocorre a maior diversidade, podendo ser encontradas até sete espécies simpátricas – na mesma região – e mesmo sintópicas – no mesmo local – (Haffer, 1974).

Os ranfastídeos não apresentam migrações de grandes distâncias, pelo menos quando comparados àquelas espécies que migram até para outros continentes, porém, dentro de sua distribuição geográfica, essas aves parecem estar sempre em movimento migratório, diga-se regional, de acordo com a sazonalidade de frutificação das árvores, fazendo movimentos, às vezes periódicos. Na Região Sudeste do Brasil, a frutificação do palmiteiro (*Euterpe edulis*) começa em abril ou maio junto ao litoral; nessa época existe uma maior concentração de aves frugívoras, inclusive tucanos e araçaris, nas matas próximas ao Atlântico e em baixas altitudes. Assim, é possível encontrar até cinco espécies de ranfastídeos, ou seja, **Selenidera maculirostris**, **Baillonius bailloni**, **Pteroglossus aracari**, **Ramphastos vitellinus** e **Ramphastos dicolorus**, freqüentando uma mesma árvore, nos meses de abril e maio; é uma das raras oportunidades de se observar o tucano-de-bico-verde (**Ramphastos dicolorus**) em baixas altitudes. Pelos meses de junho e julho adiante, os palmiteiros do meio e do alto da Serra do Mar já começam a frutificar, observando-se assim uma dispersão maior dessas aves frugívoras. Pela Amazônia, os ranfastídeos também fazem grandes excursões aos bandos e não raro invadem as cidades amazônicas como Belém, Manaus, entre outras cidades, como descreve Sick (1984; 1997). Dentro da cidade de São Paulo, uma verdadeira "floresta de concreto", pode ser encontrado o tucano-de-bico-verde (**Ramphastos dicolorus**) que se movimenta em pequenos bandos nos parques isolados, permanecendo alguns dias ou semanas no Parque do Estado, junto ao Zoológico de São Paulo, no Parque do Ibirapuera, na Cidade Universitária e pela década de 1990, um casal de tucanos aninhou-se e reproduziu no Instituto Butantan, numa cavidade de árvore bastante pequena em local relativamente movimentado.

Today, new advances allow more accurate assessments of the duration of the existence of a bird species (Stewart, 2002; Tyrberg, 2002), remembering that today's birds are not so very different from their ancestors living ten or fifteen million years ago. Fresh light is being cast on this issue through the work of Olson and Rasmussen (2001), which identified some 54 genera and 112 species of birds during the Middle Miocene and Lower Pliocene (six to ten million years ago) in the most easterly portion of the USA, with some 87% assigned to current genera and 50% to modern species. This leads to the conclusion that the time required for the speciation of birds (and ramphastids) is at least a few million years, and did not take place only during the Pleistocene, as claimed by the theory of refuges and the above-mentioned authors.

DISTRIBUTION AND MIGRATION

Today, the ramphastids are exclusively neo-tropical. Their habitats range from Central Mexico to southern Brazil. Many species prefer the coastal flatlands, while others – such as representatives of the **Andigena** and **Aulacorhynchus** genera – live in the high-altitude forests of the Andes at close to 3,500 meters. In Southeast Brazil, **Ramphastos dicolorus** and **Baillonius bailloni** live at around 2,000 meters in the Serra da Mantiqueira range of mountains.

The huge rivers of Amazonia serve as natural barriers for countless ramphastid species or subspecies that obviously do not have sufficient flying power to cross the larger rivers. For forms living in the forests of the Andes, altitude constitutes another type of natural barrier. The greatest diversity is found in West Amazonia, as well as along the southern most portion of the Amazon River, with up to seven sympatric and even synoptic species found in the same region and even the same place (Haffer, 1974).

The ramphastids do not travel long distances, at least when compared to species that migrate to other continents. However, within their geographical range, these birds seem to be constantly migrating at the regional level through fairly regular movements that depend on tree fruiting seasons. In Southeast Brazil, the jucara palm (**Euterpe edulis**) begins to bear fruit in April or May along the coast, attracting large numbers of fruit-eating birds – including toucans, toucanets and aracaris – to the low altitude forests running alongside the Atlantic Ocean. Consequently, up to five ramphastid species – **Selenidera maculirostris**, **Baillonius bailloni**, **Pteroglossus aracari**, **Ramphastos vitellinus** and **Ramphastus dicolorus** – may be found in a single tree during April and May. This is one of the few opportunities to observe the red-breasted toucan (**Ramphastos dicolorus**) at low altitudes. By June and July onwards, the jucara palms on the mid-slopes and crests of the Serra do Mar coastal range are already beginning to bear fruit, when these fruit-eating birds begin to disperse more widely. In Amazonia, the ramphastids also cover long distances in flocks, and even invade large towns and cities in Amazonia, such as Belém and Manaus, as well as other urban areas, as described by Sick (1984; 1997). In the City of São Paulo, which is a real "concrete jungle", the red-breasted toucan (**Ramphastos dicolorus**) may be seen flying in small flocks in remote parks, and spending a few days or even weeks in the State Park alongside the São Paulo Zoo, the Ibirapuera Park and the university campus. In the 1990s, a breeding pair nested and hatched nestlings at the Butantan Institute, in a small tree cavity at a relatively busy place.

COMPORTAMENTO

São aves gregárias e florestais como regra geral, apesar de haver poucas exceções como o tucano-toco (*Ramphastos toco*), que prefere os campos abertos e cerrados e não raro permanece solitário ou aos casais. Quase sempre os grupos perambulam pelas copas das árvores de maneira ruidosa tanto pelas bulhas que produzem nas ramagens como pelas vocalizações freqüentes na procura de frutas – que constituem a base de sua alimentação – e também dos complementos alimentares mais ricos em proteínas como ovos de outras aves, pequenos vertebrados como serpentes, lagartos, pássaros, mamíferos e, ainda, larvas e outros invertebrados.

O bico longo ajuda essas aves a apanhar os desejados frutos nas extremidades dos galhos; além de contribuir para capturar ovos e filhotes de outras aves e, até mesmo, de outros pequenos vertebrados. Aliás, os ranfastídeos gostam de pilhar os ninhos de icterídeos, aves da família do japim, guaxe e outros, que são em forma de bolsa pendurada nas árvores, com uma estreita abertura, através da qual os bicos dos tucanos funcionam maravilhosamente, penetrando e apanhando os filhotes e ovos. Além dos ranfastídeos, poucos são os predadores dos ninhos desses pássaros icterídeos.

No período de reprodução, os casais se apartam à procura de cavidades de árvores (vivas ou mortas) nas quais possam fazer seus ninhos. Às vezes, escolhem cavidades tão estreitas que quase não se pode acreditar que caibam em tão apertado espaço. Na realidade, nas florestas, as cavidades nos troncos ou galhos são bastante disputadas não só pelos tucanos, mas também por papagaios, pica-paus, corujas e muitas outras aves (e animais) que procuram esse local não só para reprodução mas também para dormir. Às vezes, um bando inteiro de araçaris dorme em uma grande cavidade. O tucano-toco (*Ramphastos toco*), costuma cavar e arrumar sua cavidade no interior de cupins arborícolas.

A posição de dormir é também outra singularidade: dormem com o bico escondido sob as asas e a cauda dobrada sobre o dorso, cobrindo a cabeça, posição que adotam mesmo quando eventualmente dormem empoleirados. Preferem sempre encontrar um buraco já existente e podem usar os bicos para aumentá-lo e adaptá-lo melhor como seu ninho (às vezes, roubado de um pica-pau). Botam de dois a cinco ovos brancos, quase arredondados, variando essa postura mesmo dentro de uma mesma espécie; o período de incubação varia entre as espécies de 15 e 18 dias. Machos e fêmeas participam igualmente da preparação do ninho (adaptação da cavidade), da incubação dos ovos e do cuidado da prole. Os filhotes nascem com o bico relativamente curto, o qual vai crescendo à medida que se tornam adultos; a coloração do bico também apresenta variações com a idade.

São aves barulhentas, vocalizam bastante parecendo manifestar uma grande alegria. Difícil de descrever a voz de tais aves. Todas batem o bico, emitem alguns sussurros e possuem curtos piados, longos e altos gritos e alguns longos chamados até melodiosos como o araçari-banana (*Baillonius bailloni*). Várias espécies emitem seus chamados acompanhados de movimentos rítmicos que parecem uma forma de cortejo, como acontece principalmente com as do gênero *Selenidera*. Hardy *et al* (1996) apresentam gravação de quase todas as espécies, o que pode auxiliar na identificação de algumas formas na natureza.

Numa descrição sucinta sobre os gêneros de ranfastídeos, deve-se destacar que os araçaris-verdes do gênero *Aulacorhynchus* parecem ser os mais primitivos, apresentando um bico geralmente mais delgado e de formato diferente nas faces laterais da maxila, que são levemente côncavas e pelo cúlmen quase plano, conferindo uma secção de aspecto quadrado para o bico (mais intenso na maxila superior) desses araçaris. Sua coloração é predominantemente verde-brilhante, não encontrada nos outros gêneros, mas presente em vários capitonídeos americanos e, principalmente, asiáticos. Falta neste gênero a cor vermelho-sangue, sendo com freqüência a extremidade das retrizes, o crisso ou uropígio de cor vermelho-ferrugem, com evidente tom marrom. Machos e fêmeas possuem a plumagem praticamente igual. Os representantes do gênero *Aulacorhynchus* são habitantes de florestas nas grandes altitudes, desde o México até o sudeste da Bolívia; apenas duas espécies são encontradas no

BEHAVIOR

These are gregarious forest birds in general, despite a few exceptions, such as the toco toucan (**Ramphastos toco**) that prefers open fields and cerrado savannas, and may even be seen alone or in pairs. These groups almost always move noisily through the tree tops, disturbing the foliage and shrieking as they seek the fruits that form their staple diet, as well as protein-rich supplements, such as the eggs of other birds and small vertebrates, including snakes, lizards, birds and mammals, in addition to larvae and other invertebrates.

Their long bills help these birds pluck fruits and berries from outlying twigs, as well as stealing the eggs and nestlings of other birds, and even the young of small invertebrates. In fact, the ramphastids enjoy pillaging the nests of icterids (members of the oriole family, including blackbirds and cowbirds) whose bag-like nests hang from branches with a narrow opening through which toucan bills can dip very effectively, crushing and clutching hatchlings and eggs. Other than the ramphastids, there are few other predators that attack icterid nests.

During the breeding season, pairs of birds move away from their flocks to seek cavities in living or dead trees, where they build their nests. Sometimes they pick slits that are so narrow it seems almost impossible that they could fit into such tight spaces. In fact, holes in tree trunks or branches are much in demand in the forest, eagerly sought after not only by the toucans but also by parrots, woodpeckers, owls and many other birds (and animals), who seek out these niches for breeding and sleeping. Sometimes an entire flock of aracaris may sleep in a single hole. The toco toucan (**Ramphastos toco**) often pecks out a neat hole in arboreal termite nests.

Their sleeping position is also quite unusual: the bill is tucked under a wing and the tail is folded back to cover the head. They also sleep in this position when perching on a branch. They always opt for an existing hole, and may peck away to increase it and shape it more comfortably as a nest (sometimes stolen from a woodpecker). They lay two to five roundish white eggs, although their number may vary even within a single species; incubation periods vary from fifteen to eighteen days, depending on the species. Males and females share the tasks of nest-building and shaping the hole, as well as incubating the eggs and caring for their young. The hatchlings are born with relatively short bills, which grow as they become adult, and the bill color also changes with age.

These are noisy birds, whose squawks and screams seem to express an exuberant joie-de-vivre. It is hard to describe the call of these birds. They all click their bills and hiss, with some short whistles, long loud shrieks and some long and even melodious calls, such as the saffron toucanet (**Baillonius bailloni**). Several species call and bob rhythmically in a type of courting ritual, particularly those belonging to the **Selenidera** genus. Hardy et al (1996) recorded almost all these species, which can help identify some of them in the wild.

A brief description of the ramphastid genera should stress that the green toucanets belonging to the **Aulacorhynchus** genus seem to be the most primitive, with a bill that is generally slimmer and shaped differently along the sides of the maxilla, slightly concave and with an almost flat culmen, giving the bill a squarish cross-section that is more marked on the upper maxilla of these toucanets. Their coloring is mainly bright green, which is not found in other genera, although noted among several American and mainly Asiatic capitonids. Blood red is a color not seen in this genus, although the tip of the tail feathers, the crissum or uropygium is often rust-red, with definite brown tinge. The plumage of males and females is almost identical. Members of the **Aulacorhynchus** genus live in high-altitude forests from Mexico to Southeast Bolivia. Only two species are found in Brazil: **A. prasinus** in western Acre State and **A. derbianus** in northern Roraima State. We agree with Short and Horne (2002), who feel that there are six species of the **Aulacorhynchus** genus, with **A. prasinus** fairly polymorphous, at times suggesting that it may consist of more than one species.

Brasil: *A. prasinus* no oeste do Estado do Acre e *A. derbianus* no norte de Roraima. Concordamos com Short e Horne (2002) ao considerar as seis espécies do gênero *Aulacorhynchus*, sendo que *A. prasinus* é bastante polimorfa e às vezes sugere ser constituída por mais de uma espécie.

Selenidera é outro gênero de araçaris, notável pelo grande dimorfismo sexual no qual predomina a cor preta nos machos e o marrom ou cinza nas fêmeas. Notável também, especialmente nos machos, é a presença de um tufo de plumas amarelo-ouro na região auricular. É constituído por seis espécies, curiosamente parapátricas, quer dizer, isoladas, não ocorrendo duas espécies desse gênero numa mesma região geográfica. Alguns autores classificam a forma *S. langsdorffii* como sendo uma espécie separada e independente de *S. reinwardtii*, porém aqui são consideradas como subespécie, ou seja, essa forma deve se chamar *S. reinwardtii langsdorffii*. O gênero *Selenidera* se distribui desde Honduras até o Sul do Brasil.

O gênero *Andigena*, como o próprio nome indica, é habitante dos Andes, desde a Venezuela até a Bolívia. Nos representantes desse gênero predomina a cor azul com algum verde dourado nas asas. Machos e fêmeas são praticamente iguais e da mesma forma que em *Aulacorynchus* e *Selenidera*, a extremidade da cauda é freqüentemente de cor castanha, o que não é observado nos demais gêneros de ranfastídeos.

Baillonius é um gênero constituído por uma única espécie. *Baillonius bailloni* é o araçari-banana do Sudeste do Brasil, oeste do Paraguai e extremo norte da Argentina (Missiones). É caracterizado pela cauda relativamente longa (similar aos *Pteroglossus*) e coloração geral amarelo-ouro quase homogênea, com as asas esverdeadas; a ausência de faixas transversais no peito e abdome e um bico mais delicado o diferencia dos *Pteroglossus*. Em *Baillonius* não existe dimorfismo sexual.

Pteroglossus (do grego *Pteron* = pena + *glossus* = língua) cujo significado não é uma característica do gênero e sim de toda a família, além da cauda alongada, possui o bico bastante robusto e o padrão de coloração mostra sempre o dorso verde-escuro e o preto (às vezes, com tonalidade marrom) na cabeça e garganta, formando uma espécie de capuz escuro. O gênero se distribui desde o México até o Sul do Brasil, porém é mais ricamente representado na Amazônia. As espécies menores, ou seja, *P. viridis*, *P. inscriptus* e *P. humboldti* apresentam um dimorfismo sexual evidente: as fêmeas possuem uma coloração marrom na região da garganta e da nuca, onde nos machos é negro; em *P. bitorquatus* e *P. azara* esse dimorfismo é discreto e nas demais espécies "maiores" praticamente não há dimorfismo sexual. *Pteroglossus beauharnaesi* é uma forma aberrante dentro deste gênero por apresentar a garganta branca salpicada de negro e o bico de aspecto mais delicado que os demais congêneres, lembrando a *Baillonius*; porém a extravagância maior desta espécie está nas penas do alto da cabeça, bastante modificadas, lembrando escamas duras e brilhantes. Foi criado um gênero próprio para esse araçari: *Bauharnaisius* por Bonaparte (1850), mas atualmente a grande maioria dos autores prefere considerá-lo inscrito no gênero *Pteroglossus*.

O gênero *Ramphastos* representa os verdadeiros tucanos de porte maior entre os ranfastídeos, coloração geral negra com a garganta branca ou amarela e as penas infracaudais sempre vermelhas. Machos e fêmeas são iguais na plumagem, entretanto os bicos das fêmeas são em média menores que o dos machos. Os tucanos verdadeiros ocorrem do sudeste do México ao sul do Brasil.

Another toucanet genus is **Selenidera**, *notable for its striking sexual dimorphism, with black predominating in the males and brown or grey in the females. Also notable is the presence of a tuft of yellow-gold feathers around the ear, particularly among the males. They consist of six species that are curiously parapatric, meaning that they are isolated, with two species of this genus not found in the same geographical region. Some authors consider the* **S. langsdorffii** *form to be a separate species, independent of the* **S. reinwardtii**, *although it is taken as a subspecies here, meaning that it should be called* **S. reinwardtii langsdorffii**. *The Selenidera genus is found from Honduras to southern Brazil.*

As its name indicates, the **Andigena** *genus lives in the Andes from Venezuela to Bolivia. Most members of this genus tend to be blue, with some golden-green on the wings. Males and females are almost identical and, similar to the* **Aulacorynchus** *and* **Selenidera**; *the tip of the tail is frequently chestnut-brown, which is not noted in other ramphastid genera.*

The **Baillonius** *genus consists of a single species:* **Baillonius bailloni**, *the saffron toucanet found in southeast Brazil, western Paraguay and the Missiones region in northern Argentina. It has a relatively long tail (similar to the* **Pteroglossus**) *and its yellow-gold coloring is almost homogenous, with greenish wings. The lack of stripes on its chest and abdomen, together with a more delicate bill, differentiate it from the* **Pteroglossus**. *There is no sexual dimorphism in* **Baillonius**.

Pteroglossus *(from the Greek* **Pteron** = *feather* + **glossus** = *tongue), whose meaning is not a characteristic of only this genus but rather of the entire family, has a long tail and strong bill. Its standard coloring always includes a dark green back, with a black (sometimes shading to brown) head and throat, forming a type of dark hood. This genus is found from Mexico to southern Brazil, although it is more richly represented in Amazonia. Smaller species, such as* **P. viridis**, **P. inscriptus** *and* **P. Humboldti** *present evident sexual dimorphism. The females have brown throats and necks, which are black in the males. In* **P. bitorquatus** *and* **P. azara** *this dimorphism is discreet, while in the other larger species there is almost no sexual dimorphism.* **Pteroglossus beauharnaesi** *is an aberrant form in this genus, due to its black-speckled white throat; its bill appears more delicate than that of other members of this genus, recalling* **Baillonius**. *However, the most unusual aspect of this species is the top of its head, whose feathers are significantly modified to resemble hard, shiny scales. A special genus was established for this* **Beauharnaisius** *toucanet by Bonaparte (1850), although most authors currently prefer to include it within the* **Pteroglossus** *genus.*

The **Ramphastos** *genus consists of the larger true toucans among the ramphastids, generally black with a white or yellow throat and with the under-tail feathers always red. The plumage of the males and females is identical, although female bills are generally smaller than those of the males. True toucans are found from southeast Mexico to southern Brazil.*

ESTADOS UNIDOS
DA AMÉRICA

MÉXICO

BELIZE

GUATEMALA

HONDURAS

NICARÁGUA

COSTA RICA

PANAMÁ

VENEZUELA

COLÔMBIA

EQUADOR

PERU

BRASIL

AMÉRICA DO NORTE, AMÉRICA CENTRAL E AMÉRICA DO SUL
(NORTH, CENTRAL AND SOUTH AMERICAS)

MAPA DA REGIÃO TROPICAL DAS AMÉRICAS / MAP OF THE TROPICAL REGION OF THE AMERICAS

América do Sul / South America

Países: Venezuela, Colômbia, Guiana, Suriname, Guiana Francesa, Equador, Peru, Bolívia, Chile, Paraguai, Argentina, Uruguai, Brasil.

Estados do Brasil: Roraima, Amapá, Amazonas, Pará, Maranhão, Ceará, Rio Grande do Norte, Paraíba, Pernambuco, Alagoas, Sergipe, Acre, Rondônia, Mato Grosso, Tocantins, Piauí, Bahia, Brasília, Goiás, Minas Gerais, Espírito Santo, Mato Grosso do Sul, São Paulo, Rio de Janeiro, Paraná, Santa Catarina, Rio Grande do Sul.

Rios: Rio Branco, Rio Negro, Rio Solimões, Rio Amazonas, Rio Madeira, Rio Tapajós, Rio Xingu, Rio Tocantins.

ARAÇARI-DE-NARIZ-AMARELO
Aulacorhynchus prasinus (Gould, 1834)
(Pranchas 1 e 2)

Vive nas florestas úmidas de montanhas (altitudes até acima de 3.500 m) e ocasionalmente em matas secundárias, plantações e também em altitudes menores, desde o sul do México até a Bolívia e extremo oeste do Brasil (Acre). Machos e fêmeas são iguais, mas nos machos o bico é um pouco maior. Mede cerca de 33 cm a 35 cm e pesa de 150 g a 170 g . O bico é notavelmente de secção "quadrada", no qual o cúlmen é quase plano e as laterais são ligeiramente convexas. Apesar do grande polimorfismo dessa espécie, o cúlmen é sempre amarelo, valendo-lhe o nome de "naris-amarelo".

Voam solitários ou em casais pelas matas e eventualmente formam grupos de cinco a oito indivíduos ou mais. Sua vocalização é uma longa seqüência de "uét-uét-uét-uét..." na freqüência de dois a três por segundo, monótona e cansativa lembrando uma saracura (**Aramides saracura**); canta geralmente em casais fazendo uma gritaria sem melodia alguma.

Essa espécie é uma das mais polimorfas, sendo que as diferentes populações sempre apresentam zonas de intergradação e a vocalização é muito semelhante em todas elas. A coloração da garganta pode ser branca, preta, cinza ou azul, conforme a região geográfica; embora pareçam tratar-se de diferentes espécies, as populações intermediárias impedem uma nítida separação das formas e evidenciam o estreito parentesco entre as mesmas.

EMERALD TOUCANET
Aulacorhynchus prasinus (Gould, 1834)
(Plates 1 and 2)

Living in the mountain rainforests at altitudes of more than 3,500 m and occasionally in secondary forests, plantations and even at lower altitudes, it ranges from southern Mexico to Bolivia and westernmost Brazil (Acre State). Males and females are identical, although the bill is slightly larger in the males. Some 33 cm to 35 cm long, they weigh 150 g to 170 g . The bill is strikingly squarish in cross-section, with an almost flat culmen and slightly convex sides. Despite the marked polymorphism of this species, the culmen is always yellow, giving it the nickname of "yellow-nose".

*Flying alone through the forests or in pairs, they may form groups of five to eight individuals or more. Their call is a long "weit-weit-weit-weit..." sequence, two or three times a second, dull and monotonous, recalling a wood-rail (**Aramides saracura**); they often shriek in pairs, with no melody whatsoever.*

This species is one of the most polymorphic, with different populations always presenting intergradation zones and all with very similar calls. Their throat coloring may be white, black, grey or blue, depending on the geographical region, and although they seem to indicate different species, the intermediate populations prevent any clear separation of forms, reflecting the close relationships among them.

Prancha / Plate 1
ARAÇARI-DE-NARIZ-AMARELO / EMERALD TOUCANET
Aulacorhynchus prasinus prasinus (Gould, 1834) – Página ao lado, acima / *Page alongside, above*
Aulacorhynchus prasinus caeruleogularis (Gould, 1854) – Página ao lado, abaixo / *Page alongside, below*

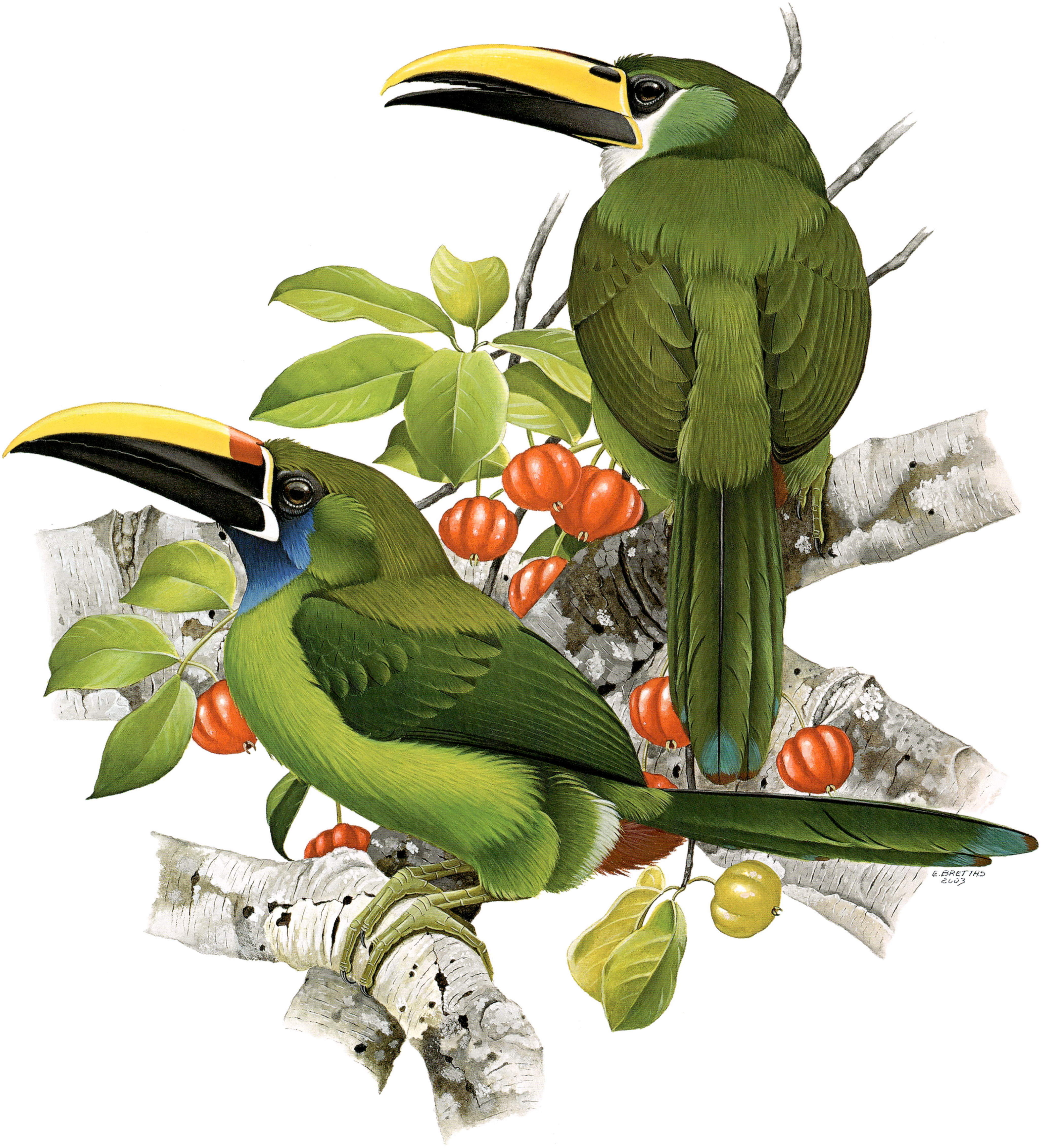
E. BRETTAS
2003

A lista das subespécies com suas características e distribuições é sempre discutível, pois muitos autores consideram algumas delas como espécies independentes, especialmente **wagleri**, **caeruleogularis**, **albivitta**, **phaeolaemus**, **cyanolaemus** e **atrogularis** (Short e Horne, 2002).

Aulacorhynchus prasinus prasinus (Gould, 1834) ocorre no sudeste do México (Veracruz, Yucatán), Belize e norte da Guatemala. Possui a garganta branca e o amarelo da maxila é extenso com uma pequena mancha vermelho-vinho na base do cúlmen. Na região de Veracruz, uma população com tonalidade amarelada na garganta foi denominada **A. p. warneri** (Winker, 2000).

Aulacorhynchus prasinus wagleri (Sturm, 1841) é da região sudoeste do México (Serra Madre do Sul). Possui a garganta branca, diferindo da forma típica pela tonalidade amarelada no alto da cabeça e maior extensão de preto na base da maxila.

Aulacorhynchus prasinus virescens (Ridgway, 1912) habita o extremo sudeste do México (Chiapas), Honduras até a Nicarágua. Possui a garganta branca, é um pouco menor que **A. p. prasinus** e com a faixa negra da maxila mais estreita.

Aulacorhynchus prasinus volcanicus (Dickey e van Rossen, 1930) é uma subespécie representada por uma população isolada em Volcán San Miguel, no Leste de El Salvador; difere de **virescens** apenas pela plumagem mais pálida.

The list of subspecies with their characteristics and distributions is always open for discussion, as many authors consider some of them to be independent species, particularly **wagleri**, **caeruleogularis**, **albivitta**, **phaeolaemus**, **cyanolaemus** *and* **atrogularis** *(Short & Horne, 2002).*

Aulacorhynchus prasinus prasinus (Gould, 1834) is found in southeastern Mexico (Veracruz, Yucatan), Belize and northern Guatemala. It has a white throat and a long yellow stripe along the maxilla with a small wine-red patch at the base of the culmen. In the Veracruz region, a population with a yellowish throat tone was called **A. p. warneri** *(Winker, 2000).*

Aulacorhynchus prasinus wagleri (Sturm, 1841) is found in southwestern Mexico in the Serra Madre do Sul range of hills. With a white throat, it differs from the typical form with yellowish shading on top of its head, and a longer black stripe at the base of the maxilla.

Aulacorhynchus prasinus virescens (Ridgway, 1912) lives in southeast Mexico (Chiapas) and Honduras, extending as far as Nicaragua. With a white throat, it is slightly smaller than **A. p. prasinus** *and the black stripe along the maxilla is narrower.*

Aulacorhynchus prasinus volcanicus (Dickey & van Rossen, 1930). This subspecies is represented by an isolated population at Volcán San Miguel, in eastern El Salvador; differing from the **virescens** *only in its paler plumage.*

Prancha / Plate 2
ARAÇARI-DE-NARIZ-AMARELO / EMERALD TOUCANET
Aulacorhynchus prasinus dimidiatus (Ridgway, 1886) – Página ao lado / *Page alongside*

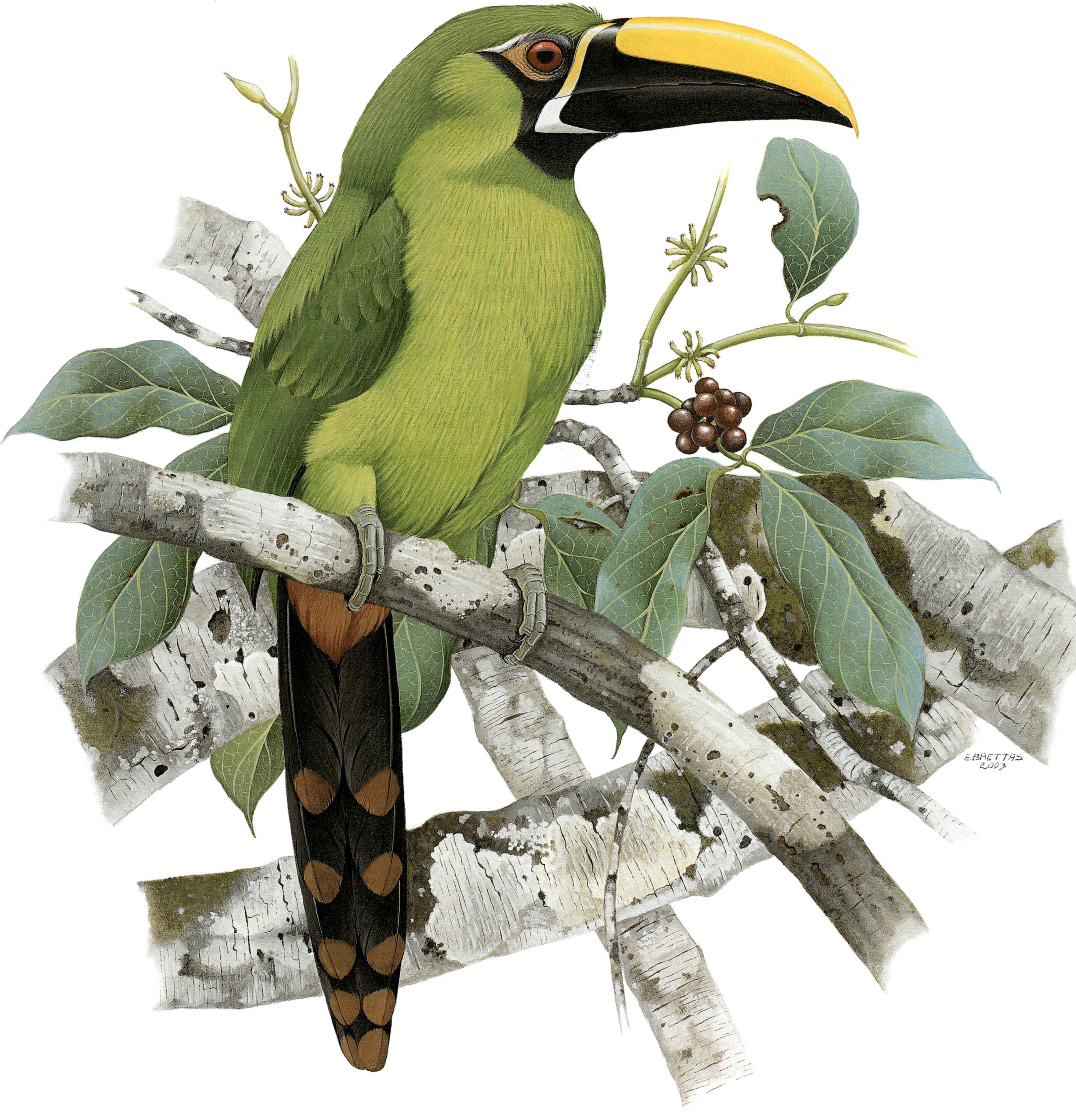
E.BRETTAS
2003

Aulacorhynchus prasinus caeruleogularis (Gould, 1854) tem distribuição restrita às montanhas da Costa Rica e oeste do Panamá entre 1.000 m e 2.000 metros de altitude. A garganta é azul e o preto da maxila mais amplo; uma extensa mancha vermelho-vinho na base do cúlmen rodeia as narinas.

Aulacorhynchus prasinus cognatus (Nelson, 1912) é comum no centro e no leste do Panamá até o oeste da Colômbia (Chocó); é muito semelhante a ***caeruleogularis***, sendo entretanto discretamente menor e apresenta a base do cúlmen na cor preto.

Aulacorhynchus prasinus lautus (Bangs, 1898) ocorre numa região restrita no nordeste da Colômbia (Serra Nevada de Santa Marta). Apresenta a garganta cinza com leve tom azul e a maxila é amplamente negra com estreita faixa amarelo-esverdeado no cúlmen.

Aulacorhynchus prasinus albivitta (Boissonneau, 1840) distribui-se pela Cordilheira Oriental e Central dos Andes da Colômbia até o extremo oeste da Venezuela e para o sul até o leste do Equador. A garganta é branca e o preto da maxila mais extenso na base (inclusive do cúlmen); base da mandíbula manchada de vermelho-marrom.

Aulacorhynchus prasinus phaeolaemus (Gould, 1874) ocorre na Cordilheira Ocidental e face oeste da Cordilheira Central dos Andes da Colômbia. Nessa espécie, a mandíbula preta apresenta uma mancha vermelho-marrom na base. A garganta é francamente azul na parte sul da Cordilheira Ocidental; na parte norte e leste de sua distribuição faz evidente transição com a forma ***albivitta***, com a garganta variando do azul-cinzento ao cinza-claro quase branco. Essa população intermediária foi descrita por Chapman (1915) como ***A. prasinus griseigularis***.

Aulacorhynchus prasinus cyanolaemus (Gould, 1866) é uma forma que se distribui pelo lado leste dos Andes no sul do Equador e norte do Peru. A garganta é azul-escuro intenso, porém mais notável é a maxila quase toda preta, apresentando apenas o extremo apical do cúlmen é amarelo.

Aulacorhynchus prasinus atrogularis (Sturm, 1841) habita o lado leste dos Andes do norte do Peru à porção central da Bolívia. A garganta é preta, o que difere essa espécie de todas as anteriores.

Aulacorhynchus prasinus dimidiatus (Ridgway, 1886) é encontrada pela região de montanhas baixas a leste do Peru e extremo oeste do Brasil (longe dos Andes) no alto rio Purus (Acre). Muito semelhante à forma ***atrogularis***, difere pelo tamanho menor e bico notavelmente mais curto. Haffer (1974) conta que essa forma foi descrita com base em exemplares secos encontrados em colares de índios de procedência desconhecida; portanto a pátria dessa subespécie permaneceu desconhecida até que O'Neill *et al* (1974) a encontraram em Balta, Departamento de Loreto, extremo leste do Peru e Forrester (1993) se deparou com ela nas cercanias de Plácido de Castro, Acre, Brasil.

Aulacorhynchus prasinus caeruleogularis *(Gould, 1854) has a distribution that is limited to the mountains of Costa Rica and western Panama at an altitude of 1,000 m to 2,000 m. Its throat is blue, with a broader black stripe along the maxilla; a large wine-red patch at the base of the culmen surrounds the nostrils.*

Aulacorhynchus prasinus cognatus *(Nelson, 1912) is found in Central and eastern Panama, extending as far as western Colombia (Chocó); it is very similar to **caeruleogularis**, although slightly smaller with a black base of the culmen.*

Aulacorhynchus prasinus lautus *(Bangs, 1898) is found in a limited region in northeast Colombia in the Serra Nevada de Santa Marta range of hills. Its grey throat has a slightly bluish tone, and the maxilla is generally black, with a narrow greenish yellow stripe on the culmen.*

Aulacorhynchus prasinus albivitta *(Boissonneau, 1840) is distributed along the central and eastern Andes from Colombia to westernmost Venezuela, and southwards as far as eastern Ecuador. The throat is white and the black of the maxilla is broader at the base (including the culmen); the base of the mandible has a reddish-brown patch.*

Aulacorhynchus prasinus phaeolaemus *(Gould, 1874) is found in the western Cordillera and along the western flank of the Central Cordillera of the Andes in Colombia. In this form, the black mandible has a red-brown patch at the base. The throat is pale blue in the southern portion of the western Cordillera. In the northern and eastern portion of its distribution there is a clear transition to the **albivitta** form, with the throat varying from greyish blue to pale grey and almost white. This intermediate population was described by Chapman (1915) as **A. prasinus griseigularis**.*

Aulacorhynchus prasinus cyanolaemus *(Gould, 1866) is distributed along the eastern flank of the Andes in southern Ecuador and northern Peru. Its throat is a deep, dark blue, but the maxilla is even more notable, almost completely black with only the extreme tip of the culmen yellow.*

Aulacorhynchus prasinus atrogularis *(Sturm, 1841) is distributed along the eastern flank of the Andes, from northern Peru to central Bolivia. In this form, the throat is black, which differs from all those listed above.*

Aulacorhynchus prasinus dimidiatus *(Ridgway, 1886) is distributed through the low mountains in eastern Peru and western Brazil (far from the Andes), along the upper River Purus (Acre State). Very similar to the **atrogularis** form, it is slightly smaller with a far shorter bill. Haffer (1974) notes that this form is described on the basis of dried examples found on necklaces worn by indigenous tribespeople of unknown provenance; consequently, the homeland of this subspecies remained unknown until O'Neill et al. (1974) found this subspecies in Balta, Loreto Department, eastern Peru, and Forrester (1993) found it around Plácido de Castro, Acre State, Brazil.*

ARAÇARI-DE-BICO-SULCADO
Aulacorhynchus sulcatus (Swainson, 1820)

(Prancha 3)

Semelhante a **A. prasinus** tanto no colorido como no tamanho. Sua principal característica está no bico, no qual as laterais da maxila apresentam dois sulcos de cada lado (formando uma crista no meio), profundos, que ladeiam o cúlmen aplanado; a mandíbula é também sulcada longitudinalmente; essa conformação é mais evidente nos indivíduos adultos, sendo pouco acentuada nos imaturos. Outra característica dessa espécie está na cauda cuja extremidade não apresenta a coloração castanho-ferrugem típica, embora alguns exemplares tenham apenas nas retrizes centrais a extremidade manchada de marrom.

Mede cerca de 35 cm a 37 cm e pesa em torno de 150 g a 180 g. Ocorre no norte da Venezuela e extremo nordeste da Colômbia. Seus hábitos são similares ao da espécie apresentada anteriormente, preferindo as florestas úmidas de altitude de 400 m até 2.000 metros. Sua vocalização é extremamente semelhante a de **A. prasinus**: "uêt-uêt-uêt-uêt..." também na freqüência de dois a três por segundo, repetitivo e monótono.

O araçari-de-bico-sulcado habita as florestas de montanhas, de 400 m a 2.400 m de altitude, nas regiões costeiras do Caribe ao norte da Venezuela e nordeste da Colômbia. São reconhecidas três subespécies: **A. s. calorhynchus** (Gould, 1874) do nordeste da Colômbia, na qual o cúlmen é vermelho-ferrugem; **A. s. sulcatus** (Swainson, 1820) do norte da Venezuela cujo cúlmen é amarelo e **A. s. erythrognathus** do nordeste da Venezuela, também com o cúlmen vermelho-ferrugem. As subespécies **calorhynchus** e **erythrognathus**, embora parecidas, são perfeitamente separadas geograficamente, sem intermediários e diferem na coloração do bico, pela menor extensão do preto em **erythrognathus** suprida pela extensa coloração vermelho-laranja na base do bico, em contraposição ao discreto amarelo da base da mandíbula de **sulcatus** e **calorhynchus**.

Embora parecida com **Aulacorhynchus prasinus**, essa espécie é mais relacionada à **A. derbyanus** com a qual forma uma superespécie. A análise do polimorfismo dessa superespécie, bem como a de **A. prasinus**, representa um grande desafio na conceituação de espécies e subespécies e, por outro lado, representa um magnífico exemplo do momento da explosão evolutiva que está acontecendo nessas aves.

GROOVE-BILLED TOUCANET
Aulacorhynchus sulcatus (Swainson, 1820)

(Plate 3)

*Similar to **A. prasinus** in both coloring and size, its main characteristic is its bill, with two double grooves along each side of the maxilla forming a crest in the middle, deepening around the flattened culmen; the mandible is also grooved along its length. This confirmation is clearer in adult individuals, and not very marked in their young. Another characteristic of this species is its tail, whose tip does not feature the rust-brown coloring typical of the species this genus, although only the ends of the central tail quills were tipped with brown in some examples.*

*Measuring some 35 cm to 37 cm and weighing around 150 g to 180 g, it is found in northern Venezuela and the northeastern tip of Colombia. With habits similar to those of the previous species, it prefers rainforests at altitudes of 400 m to 2,000 m. Its monotonous call is repetitive, very like that of **A. prasinus**: "whet-whet-whet-whet", repeated two to three times a second.*

*The groove-billed toucanet lives in the mountain forests at altitudes of 400 m to 2,400 m in the coastal parts of the Caribbean, as well as northern Venezuela and northeastern Colombia. Three subspecies are recognized: **A. s. calorhynchus** (Gould, 1874) from northeastern Colombia with a rust-red culmen; **A. s. sulcatus** (Swainson, 1820) from northern Venezuela, with a yellow culmen; and **A. s. erythrognathus** from northeastern Venezuela, also with a rust-red culmen. Although similar, the **calorhynchus** and **erythrognathus** subspecies are clearly separated in geographical terms, with no intermediaries and different bill coloring, where a shorter length of black on **erythrognathus** is shortened by the ample red-yellow coloring at the base of the bill, contrasting with a discreet yellow at the base of the mandible in **sulcatus** and **calorhynchus**.*

*Although similar to **Aulacorhynchus prasinus**, this species is more related to **A. derbyanus** with which it forms a superspecies. An analysis of the polymorphism of the superspecies as well as that of **A. prasinus** offers a massive challenge for the conceptualization of species and subspecies, while on the other hand it offers a magnificent example of this moment of evolutionary explosion that is occurring among these birds.*

Prancha / Plate 3
ARAÇARI-DE-BICO-SULCADO / GROOVE-BILLED TOUCANET
Aulacorhynchus sulcatus sulcatus (Swainson, 1820) – Página ao lado, acima / *Page alongside, above*
Aulacorhynchus sulcatus calorhynchus (Gould, 1874) – Página ao lado, abaixo / *Page alongside, below*

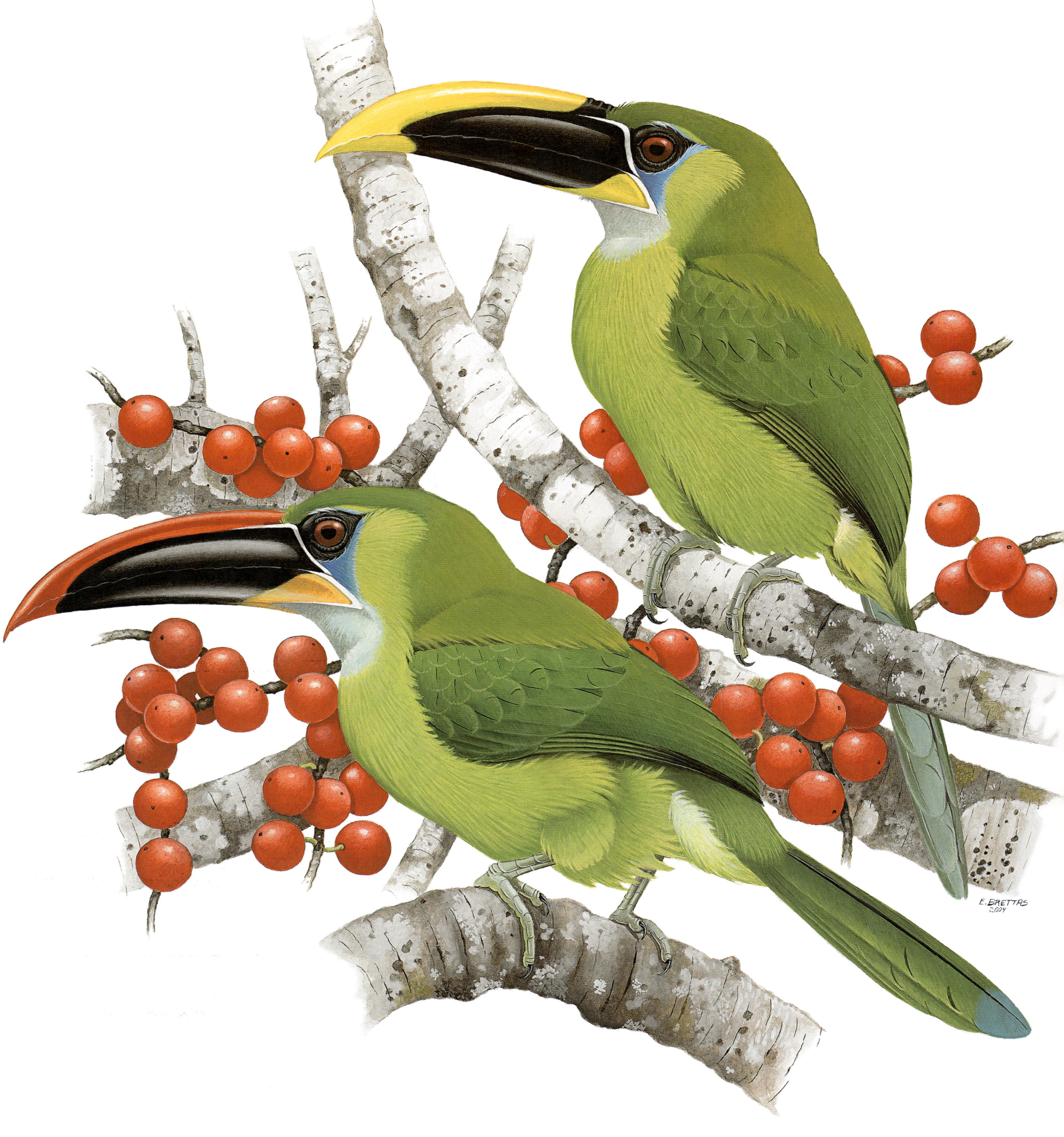
E. BRETTAS
2004

ARAÇARI-DE-CAUDA-MARROM
Aulacorhynchus derbianus Gould, 1835

(Prancha 4)

Bastante semelhante à **A. sulcatus**, essa espécie é discretamente maior, medindo entre 35 cm a 40 cm e pesando de 160 g a 240 g e com bico igualmente sulcado. Em **A. derbyanus**, a extremidade da cauda é marrom-castanho típica, em extensão relativamente avantajada caracterizando uma diferenciação com **A. sulcatus**, valendo até para caracterizar seu nome vulgar, porém na subespécie **A. derbyanus osgoodi** essa característica desaparece.

Aulacorhynchus derbyanus difere ainda de **A. sulcatus** pela forma e coloração do bico com maior predomínio do preto e também pela vocalização que é bem mais compassada, lenta, na freqüência de um por segundo, parecendo dizer: "uah—uah—uah—uah...", discretamente mais grave que a vocalização de **A. sulcatus**.

Habita as florestas de montanhas, nas altitudes de 300 m a 1.500 m de altitude, chegando excepcionalmente a altitudes maiores de até 2.400 m. Sua distribuição é caracteristicamente disjunta e as populações isoladas apresentam diversos gradientes de diferenciação, sendo reconhecidas três ou quatro subespécies.

Aulacorhynchus d. derbyanus (Gould, 1835), a forma típica, habita as encostas ao leste dos Andes do sul da Colômbia à região central da Bolívia. Possui maior extensão de preto no bico, ocupando a maior parte do cúlmen e também é a subespécie de maior tamanho. A população do nordeste do Peru até o leste do Equador apresenta maior extensão do preto no bico, sendo designada como **A. d. nigrirostris** (Traylor, 1951), porém revela evidente intergradação com a forma típica devendo ser incluída nesta. **A. d. whitelianus** (Salvin e Godman, 1882) das montanhas ao sul da Venezuela (sudeste de Bolívar) e norte da Guiana, de tamanho menor e com o cúlmen vermelho-castanho, apresenta a extremidade da cauda com pouco vermelho-castanho. **A. d. duidae** Chapman, 1929 habita as montanhas ao sul da Venezuela (oeste de Bolívar) e norte de Roraima, Brasil muito semelhante a **whitelianus**, possui a extremidade da cauda com as marcas marrom-castanhas; a forma **duidae** é de validade questionável, possivelmente sinônimo de **whitelianus**. **A. d. osgoodi** Blake, 1941 habita as montanhas ao sul da Guiana (Serra Acary) e Suriname (Serra Wilhelmina), é de porte ainda menor e as extremidades das retrizes não apresentam a coloração marrom-castanho.

Os hábitos são os mesmos das demais espécies do gênero, percorrendo as florestas em pequenos bandos em busca de frutos, sementes, insetos e outros pequenos animais. A espécie é relativamente comum, sobretudo as populações da forma típica e do sul da Venezuela.

CHESTNUT-TIPPED TOUCANET
Aulacorhynchus derbyanus Gould, 1835

(Plate 4)

*Quite similar to **A. sulcatus**, this species is slightly larger, measuring 35 cm to 40 cm and weighing 160 g to 240 g, with the bill usually grooved. In **A. derbyanus**, the end of the tail is typically chestnut brown and relatively long, indicating a difference with **A. sulcatus**, and even giving its common name, although this characteristic vanishes in the **A. derbyanus osgoodi** subspecies.*

***Aulacorhynchus derbyanus** also differs from **A. sulcatus** through the shape and coloring of the bill, with black predominant; its call is far slower paced at around one per second, sounding like: "wah—wah—wah—wah..." and slightly deeper than the call of **A. sulcatus**.*

It lives in the mountain forests at altitudes of 300 m to 1,500 m, occasionally reaching altitudes of over 2,400 m. Its distribution is characteristically scattered, with isolated populations presenting various degrees of differentiation, with three or four subspecies being recognized.

***Aulacorhynchus d. derbyanus** (Gould, 1835), the typical form, lives on the slopes of the eastern Andes from southern Colombia to central Bolivia. It has more black on its bill, covering more of the culmen, and is also the largest subspecies. The population in from northeast Peru to eastern Ecuador has larger black stripe along the bill, known as **A. d. nigrirostris** (Traylor, 1951), although with evident intergradation with a typical form being included. Found in the mountains of southern Venezuela (southeast of Bolivar) and northern Guiana, **A. d. whitelianus** (Salvin & Godman, 1882) is smaller, with a red-brown culmen and a little red-brown at the tip of its tail. Living in the mountains of southern Venezuela (west of Bolivar) and northern Roraima State, Brazil, **A. d. duidae** Chapman, 1929 is very similar to **whitelianus**, with chestnut brown marks at the end of its tail; the validity of the **duidae** form is questionable, possibly synonymous with **whitelianus**. Living in the mountains of southern Guiana (Serra Acary range of mountains) and Suriname (Serra Wilhelmina range of mountains), **A. d. osgoodi** (Blake, 1941) is even smaller, and the tips of the tail quills lack the chestnut brown coloring.*

The habits are the same as the other species of this genus, flying through the forests in small flocks seeking berries, seeds, insects and other small animals. This species is relatively common, particularly populations with the typical form, in southern Venezuela.

Prancha / Plate 4
ARAÇARI-DE-CAUDA-MARROM / *CHESTNUT-TIPPED TOUCANET*
Aulacorhynchus derbianus derbianus Gould, 1835 – Página ao lado, acima / *Page alongside, above*
Aulacorhynchus derbianus duidae Chapman, 1929 – Página ao lado, abaixo / *Page alongside, below*

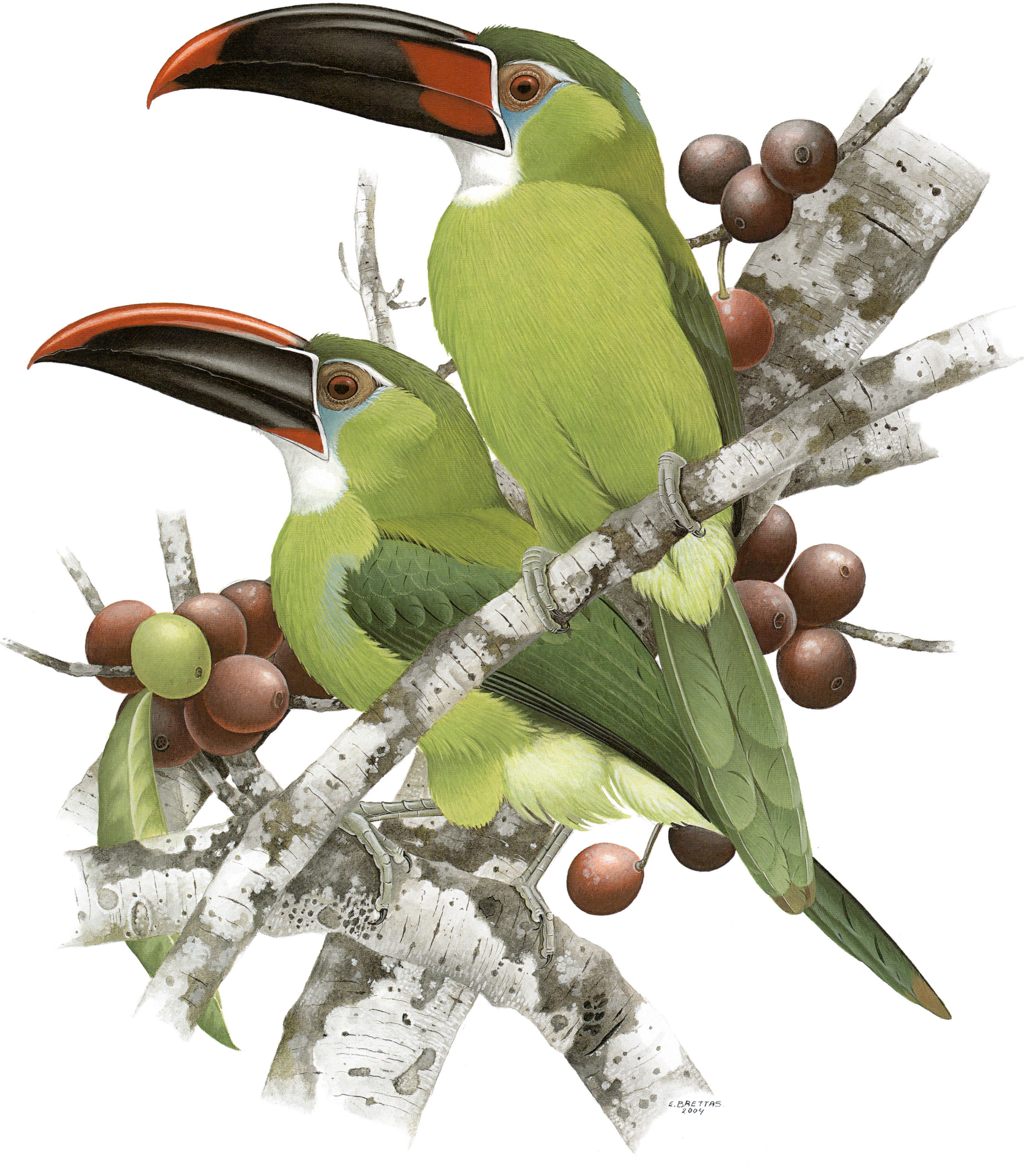
E.BRETTAS
2004

ARAÇARI-DE-DORSO-ENCARNADO
Aulacorhynchus haematopygus (Gould, 1835)
(Prancha 5)

Caracteriza-se pelo baixo dorso e uropígio de cor vermelha, o que não acontece nas espécies anteriores, mas aparece também nas duas espécies seguintes (*huallagae* e *coeruleicinctis*) com as quais forma uma superespécie. O vermelho aqui exibido não é sanguíneo e brilhante como o encontrado nas espécies do gênero *Ramphastos* e *Pteroglossus* e que parece faltar nas espécies do gênero *Aulacorhynchus*.

O araçari-de-dorso-encarnado tem o bico todo vermelho-escuro, quase uniforme, bastante robusto; a forma da maxila é peculiar pois em secção transversa é quadrangular, sendo o cúlmen bastante achatado com um sulco discreto de cada lado. Um bonito tom de azul marca os lados da face, parte lateral do pescoço e transversalmente no peito parecendo formar uma cinta.

Esta espécie ocorre nas florestas do Andes do noroeste da Venezuela, Colômbia, e encostas do lado Pacífico do Equador, em altitudes desde 300 m até os 2.500 m. Sua vocalização lembra bastante a de *Aulacorhynchus prasinus*, porém com menor freqüência – "huât-huât-huât..." – bastante monótonos, lembrando também os chamados de uma saracura (*Aramides saracura*) e ainda o araçari-banana (*Baillonius bailloni*).

Duas subespécies são reconhecidas; a forma típica *A. h. haematopygus* (Gould, 1835) do noroeste da Venezuela e Colômbia, de porte relativamente grande, mede de 43 cm a 45 cm de comprimento e pesa de 200 g a 230 g. As populações do extremo sudoeste da Colômbia até o sudoeste do Equador são separadas com a denominação de *A. h. sexnotatus* (Gould, 1868), sendo menores, com cerca de 40 cm de comprimento e pesando não mais que 160 g a 180 g; diferem ainda por faltar o azul nos lados da face. Existe uma população intermediária entre essas duas formas na região oeste da Colômbia.

É uma espécie bastante comum tanto na Colômbia como no Equador, adaptando-se a matas secundárias e locais alterados pelo homem. Alimenta-se de frutos de palmáceas, embaúbas (*Cecropia*) e outras. Exemplares cativos comem carne picada, insetos, filhotes de ratos e passarinhos.

CRIMSON-RUMPED TOUCANET
Aulacorhynchus haematopygus (Gould, 1835)
(Plate 5)

*Characterized by its red rump and red uropygium, which is not found in the species listed above, this also appears in the next two species (**huallagae** and **coeruleicinctis**), with which it forms a superspecies. The red displayed here is not a glossy scarlet such as that found in the species of the **Ramphastos** and **Pteroglossus** genera, and seems to be lacking in the species of the **Aulacorhynchus** genus.*

The entire bill of the crimson-rumped toucanet is dark red, almost uniform and fairly robust. The form of the maxilla is unusual, quadrangular in cross-section, with a fairly flat culmen and a discreet groove on each side. An attractive blue shade marks the side of the face and the side of the neck, forming a belt running across the breast.

*This species is found in the forests of northwestern Venezuela and Colombia, well as along the Pacific slopes of Ecuador, at altitudes ranging from 300 m to 2,500 m. Its call is quite similar to that of **Aulacorhynchus prasinus**, although less frequent and fairly monotonous: "hooaht-hooaht-hooaht...", similar to the calls of a wood-rail (**Aramides saracura**) and the also recalling the saffron toucanet (**Baillonius bailloni**).*

*Two subspecies are recognized, the typical form **A. h. haematopygus** (Gould, 1835) found in northwestern Venezuela and Colombia, which is relatively large, with a length of 43 cm to 45 cm and weighing 200 g to 230 g. The populations from southwestern Colombia to southwestern Ecuador are separate, known as **A. h. sexnotatus** (Gould, 1868) and smaller, with a length of some 40 cm and weighing no more than 160 g to 180 g. They also lack the blue on the sides of the face. There is an intermediate population between these two forms in western Colombia.*

This species is quite common in Colombia and Ecuador, adapting to secondary forests and places altered by anthropic activities. Feeding on nuts of palms, cecropias and other trees in the wild, when kept in captivity they eat ground meat, insects, baby rats and small birds.

Prancha / Plate 5
ARAÇARI-DE-DORSO-ENCARNADO / CRIMSON-RUMPED TOUCANET
Aulacorhynchus haematopygus haematopygus (Gould, 1835) – Página ao lado / Page alongside

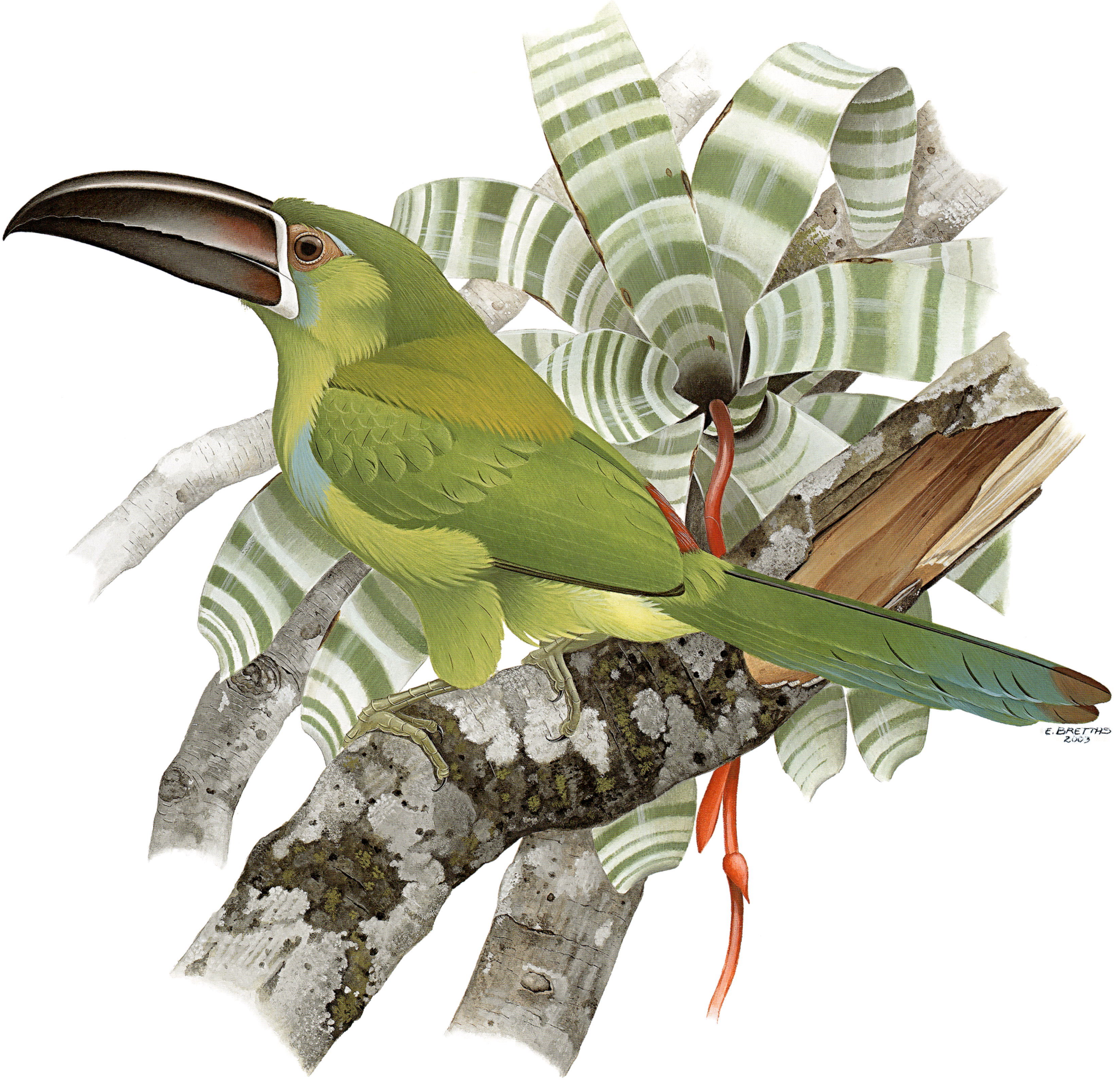
E. BRETTHS
2003

ARAÇARI-DE-HUALLAGA
Aulacorhynchus huallagae Carriker, 1933

(Prancha 6)

O araçari-de-Huallaga ocorre nas florestas úmidas em altitudes de 2.100 m a 2.500 m, apenas na região central do Peru, entre San Martin e La Libertad, no Vale de Huallaga, que lhe proporcionou o nome. A espécie é mal conhecida e mesmo dentro de sua distribuição extremamente restrita não é comum, tornando-a extremamente vulnerável. Uma população parece estar protegida dentro do Parque Nacional do Rio Abiseo, porém é de modesto tamanho e não confere uma proteção a longo prazo para a espécie (Short e Horne, 2002).

Mede entre 40 cm e 43 cm de comprimento e pesa em torno de 200 g a 250 g. Destaca-lhe o bico cinza-plúmbeo com o ápice branquicento e a base preta, contrastando com a faixa branca basal; as sobrancelhas são amarelas e ainda as penas infracaudais são de um amarelo mais intenso.

Tanto a coloração da plumagem e do bico como sua distribuição geográfica conferem a essa espécie uma situação intermediária entre **A. haematopygus** e **A. coeruleicinctis**. Parece que o araçari-de-Huallaga é mais aparentado com **A. coeruleicinctis** e difere deste principalmente por apresentar a base do bico com uma contrastante faixa basal branca, semelhante ao que acontece com **A. haematopygus**.

Aulacorhynchus huallagae forrageia solitário, em pares ou em pequenos grupos. Sua alimentação é à base de frutas e sementes diversas, insetos, outros pequenos animais e consta que costuma explorar aos cachos florais de **Clusia**, uma das árvores mais comuns em seu hábitat (Short e Horne, 2002). Sua vocalização é bastante semelhante a de **A. coeruleicinctis**, mais áspera e grave que a de **A. haematopygus** parecendo um "krrra-krrra-krrra-krrra..." igualmente repetitivo e monótono, lembrando bastante a vocalização de um sapo ou rã (Hardy *et al*, 1996).

YELLOW-BROWED TOUCANET
Aulacorhynchus huallagae Carriker, 1933

(Plate 6)

The yellow-browed toucanet is found in rainforests at altitudes of 2,100 m to 2,500 m, only in central Peru between San Martin and La Libertad, in the Huallaga Valley from which it takes its name. With an extremely limited distribution, the little-known species is not common, making it extremely vulnerable. A group seems to be protected within the Rio Abiseo National Park, although modest in size, and not offering long-term protection for this species (Short & Horne, 2002).

With a length of 40 cm to 43 cm and weighing around 200 g to 250 g, its lead-grey bill is striking, with a whitish tip and black base, contrasting with the basal white stripe; its eyelids are yellow, and its under-tail coverts are an even more intense yellow.

The coloring of its plumage and bill endow this species with an intermediate status between **A. haematopygus** and **A. coeruleicinctis**, supported by its geographical distribution. It seems that the yellow-browed toucanet is more similar to **A. coeruleicinctis** differing mainly through a contrasting basal white strip at the base of the bill, similar to **A. haematopygus**.

Foraging alone, or in pairs or small groups, ***Aulacorhynchus huallagae*** feeds on fruit and seeds, insects and other small animals. It often explores the flower clusters of **Clusia**, one of the most common trees in its habitat (Short & Horne, 2002). Its call is quite similar to that of **A. coeruleicinctis**, harsher and deeper than that of **A. haematopygus:** "krrra-krrra-krrra-krrra...", equally repetitive and monotonous, quite similar to the croak of a toad or frog (Hardy et al., 1996).

Prancha / Plate 6
ARAÇARI DE HUALLAGA / YELLOW-BROWED TOUCANET
Aulacorhynchus huallagae Carriker, 1933 – Página ao lado / *Page alongside*

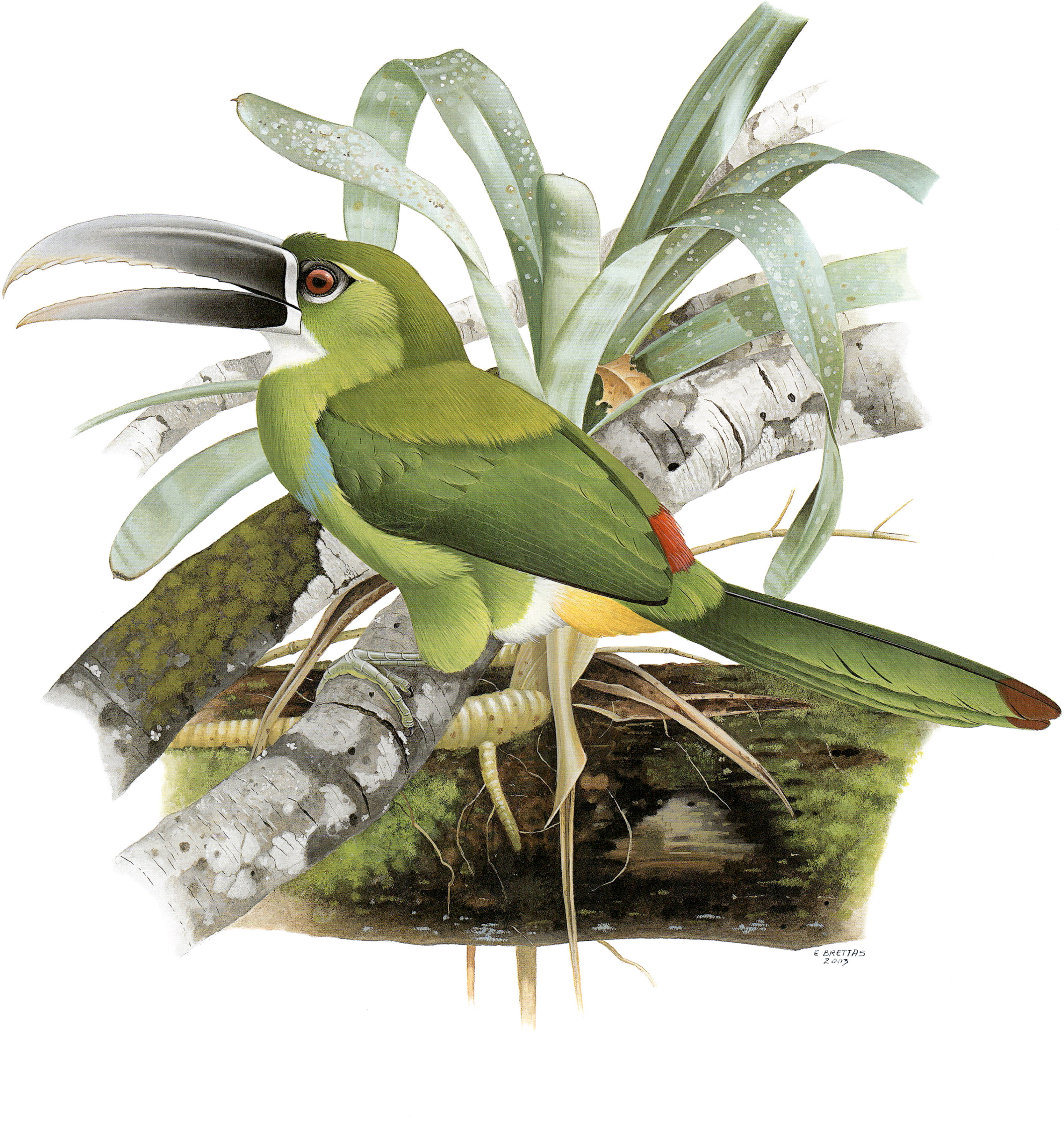
E BRETTAS
2003

ARAÇARI-DE-CINTA-AZUL
Aulacorhynchus coeruleicinctis d'Orbigny, 1840
(Prancha 7)

Distribui-se mais ao sul que a espécie anterior, no lado leste dos Andes, desde a porção central do Peru até o sul da Bolívia (Santa Cruz). Destaca-se nessa espécie o bico cinza-azulado tornando-se preto em direção à base. Falta-lhe a faixa branca na base do bico, tão característica de **haematogygus** e **huallagae** e quase todas as demais espécies do gênero **Aulacorhynchus**.

O nome araçari-de-cinta-azul deriva do azul que margeia a garganta, os lados do pescoço e que forma uma faixa transversal no peito. Essa espécie distribui-se desde a região central do Peru, próxima ao Vale de Huallaga, para o sul, no lado leste dos Andes, até o sudeste da Bolívia (Santa Cruz), em altitudes de 1.500 m a 3.000 m.

Em sua distribuição, simpátrica com **A. derbyanus**, essas espécies não costumam se misturar, pois **derbyanus** distribui-se nas altitudes de 600 m a 1.500 m. Excepcionalmente essas espécies são encontradas juntas nas altitudes próximas de 1.500 m (Haffer, 1974).

Esse araçari tem evidentes similaridades com **A. haematopygus** e **huallage**, formando com estes uma superespécie. Sua vocalização é diferente de **haematopygus** e mais semelhante à de **huallagae** (conforme Hardy et al, 1996) e pode ser melhor interpretada como um "krrá-krrá-krrá-krrá..." num tom que já não lembra mais uma saracura. Difere da vocalização de **huallagae** por ser um pouco menos grave, mas também se assemelha à vocalização de um anuro.

Dentre os ranfastídeos, o complexo formado por essas três espécies e mais a subespécie **A. haematopygus sexnotatus** (que apresenta a cor vermelha do baixo dorso) formam mais um exemplo de dificuldade da classificação perante o estágio explosivo de evolução e diferenciação em que se encontram essas aves.

BLUE-BANDED TOUCANET
Aulacorhynchus coeruleicinctis d'Orbigny, 1840
(Plate 7)

With a more southern distribution than the previous species, it is found on the eastern flank of the Andes, from central Peru to southern Bolivia (Santa Cruz). Particularly notable in this species is its bluish-grey bill, which grows black towards the base. It does not have the white stripe at the base of bill, which is so characteristic of **haematogygus** *and* **huallagae** *as well as almost all the other species belonging to the* **Aulacorhynchus** *genus.*

The blue-banded toucanet takes its name from the blue stripe that runs across its chest from each side of its neck, just under its throat. This species ranges from central Peru, close to the Huallaga Valley, extending south along the eastern flank of the Andes to southeast Bolivia (Santa Cruz), at altitudes of 1,500 m to 3,000 m.

Its distribution is simpatric with that of **A. derbyanus**, *although these species do not normally mingle, as* **derbyanus** *tends to prefer altitudes of 600 m to 1,500 m. These species are occasionally found together at altitudes of around of 1,500 m (Haffer, 1974).*

Featuring clear similarities with **A. haematopygus** *and* **huallagae**, *this toucanet forms a superspecies with them. Its call is different from* **haematopygus**, *more similar to that of* **huallagae** *(according to Hardy et al, 1996), best interpreted as "krrah-krrah-krrah-krrah...", in a tone that no longer recalls that of the wood-rail or trumpet-creeper. Slightly higher than the call of the* **huallagae**, *it also recalls the croak of a frog or toad.*

Among the ramphastids, the complex formed by these three species and **A. haematopygus sexnotatus** *subspecies (with a red lower back) offers yet another example of the difficulty of classifying these birds during this explosive stage in their evolution and differentiation.*

Prancha / Plate 7
ARAÇARI-DE-CINTA-AZUL / BLUE-BANDED TOUCANET
Aulacorhynchus coeruleicinctis d'Orbigny, 1840 – Página ao lado / *Page alongside*

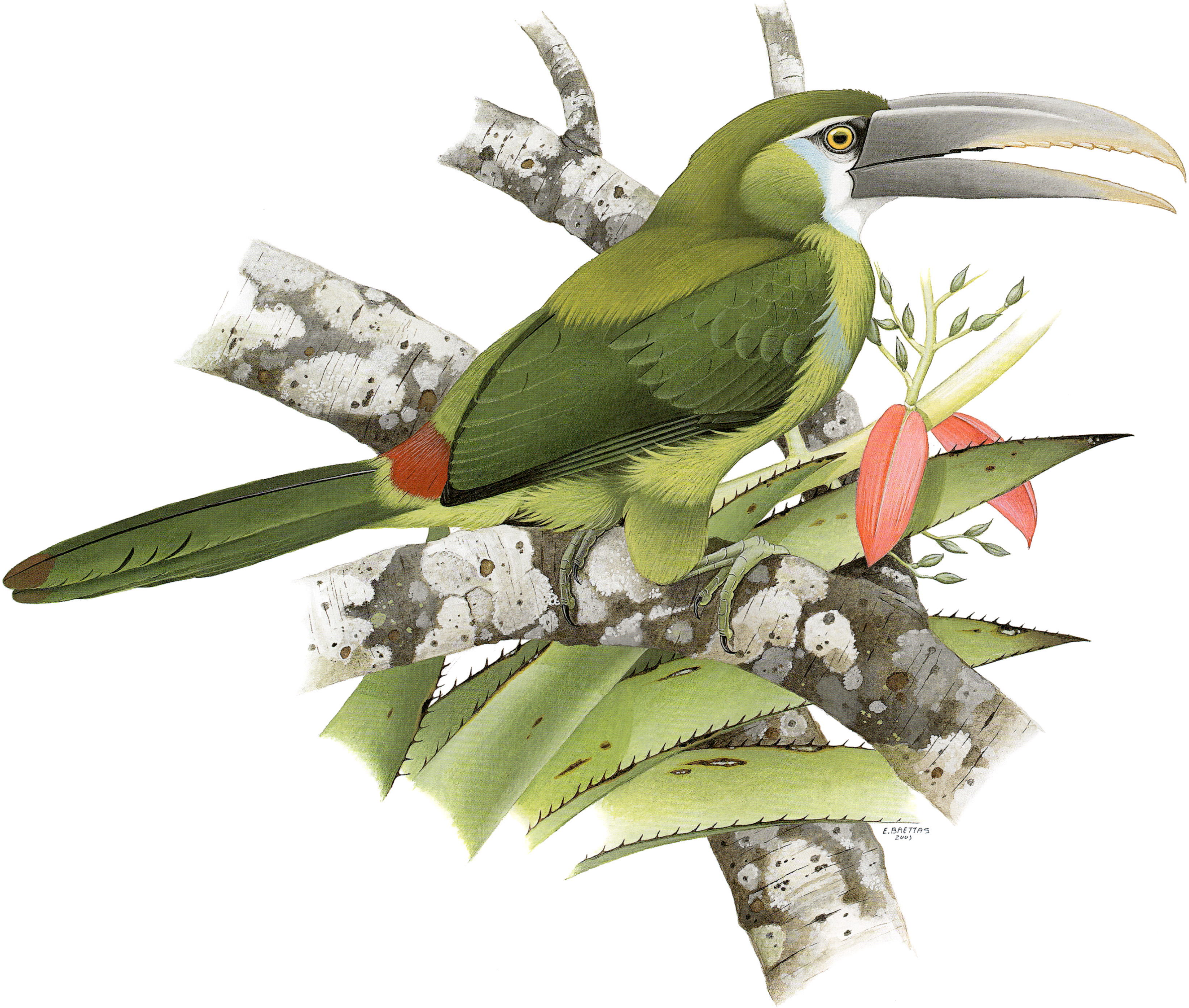
E.BRETTAS
2003

ARAÇARIPOCA-GRANDE
Selenidera spectabilis Cassin, 1857
(Prancha 8)

Dentre as espécies do gênero **Selenidera**, essa é a maior e mais distinta. Não possui o colar amarelo nucal e o marrom da extremidade da cauda, tão típicos nas espécies desse gênero. No macho, a região auricular é amarelo-intenso enquanto a fêmea é a única dentre as congêneres que não possui a "orelha" amarela. O bico, tanto do macho como da fêmea, lembra muito o padrão de cor e desenho que se observa em **Ramphastos ambiguus**, o tucano mais freqüente na sua região de distribuição. Mede cerca de 37 cm e pesa em torno de 200 g a 220 g.

Vive em florestas altas e úmidas, ocasionalmente em matas secundárias, tanto no nível do mar como até acima dos 1.000 m de altitude. Sua distribuição estende-se de Honduras até o oeste da Colômbia e extremo noroeste do Equador.

Forrageia pelas copas em busca de frutos quase sempre em pequenos bandos ou em casais. Movimentos migratórios são descritos, principalmente altitudinais em busca de árvores frutíferas em produção.

Em decorrência de seus movimentos em busca de frutos, a espécie parece, às vezes, ser bastante abundante em certas áreas (e épocas), desaparecendo do local por longos períodos subseqüentes. A espécie não é considerada ameaçada.

Sua vocalização que também é distinta das demais formas de **Selenidera**, é uma seqüência ritmada parecendo dizer "terék-terék-terék…", algo lembrando pedras atritando-se uma às outras.

Importante observar que todas as espécies do gênero **Selenidera** possuem distribuição alopátrica, ou seja, cada espécie ocorre numa região diferente, não existindo duas espécies desse gênero num mesmo local.

YELLOW-EARED TOUCANET
Selenidera spectabilis Cassin, 1857
(Plate 8)

*This is the largest and most distinct among the species belonging to the **Selenidera** genus. It does not have the yellow neck color and brown tip to its tail that are so typical of the species belonging to this genus. In the male, the ear coverts are bright yellow, while the female is the only one of this type without yellow ear coverts. The bill of both males and females are very similar to the colors and shapes noted in **Ramphastos ambiguus**, the toucan found most frequently in its distribution region. It measures some 37 cm, weighing 200 g to 220 g.*

Living in high rainforests and occasionally in secondary forests at sea level as well as at altitudes of over 1,000 m, its distribution ranges from Honduras to western Colombia and the northwestern borders of Ecuador.

It forages through the treetops in search of berries and fruits, almost always in small flocks or pair. Migratory movements are described, mainly altitudinal, seeking fruit-trees in production.

Due to its search for fruits and berries, this species sometimes seems abundant in certain areas (and at certain seasons) then vanishing for long periods. This species is not rated as endangered.

*Its call is also very different from that of other **Selenidera**, in a rhythmic sequence that sounds a little like stones striking against each other: "te-raik-te-raik-te-raik…".*

*It is important to note that all species belonging to the **Selenidera** genus have allopatric distribution, meaning that each species is found in a different region, with no two species of this genus found in the same region.*

Prancha / Plate 8
ARAÇARIPOCA-GRANDE / YELLOW-EARED TOUCANET
Selenidera spectabilis Cassin, 1857 – Página ao lado, macho acima / *Page alongside, male above*

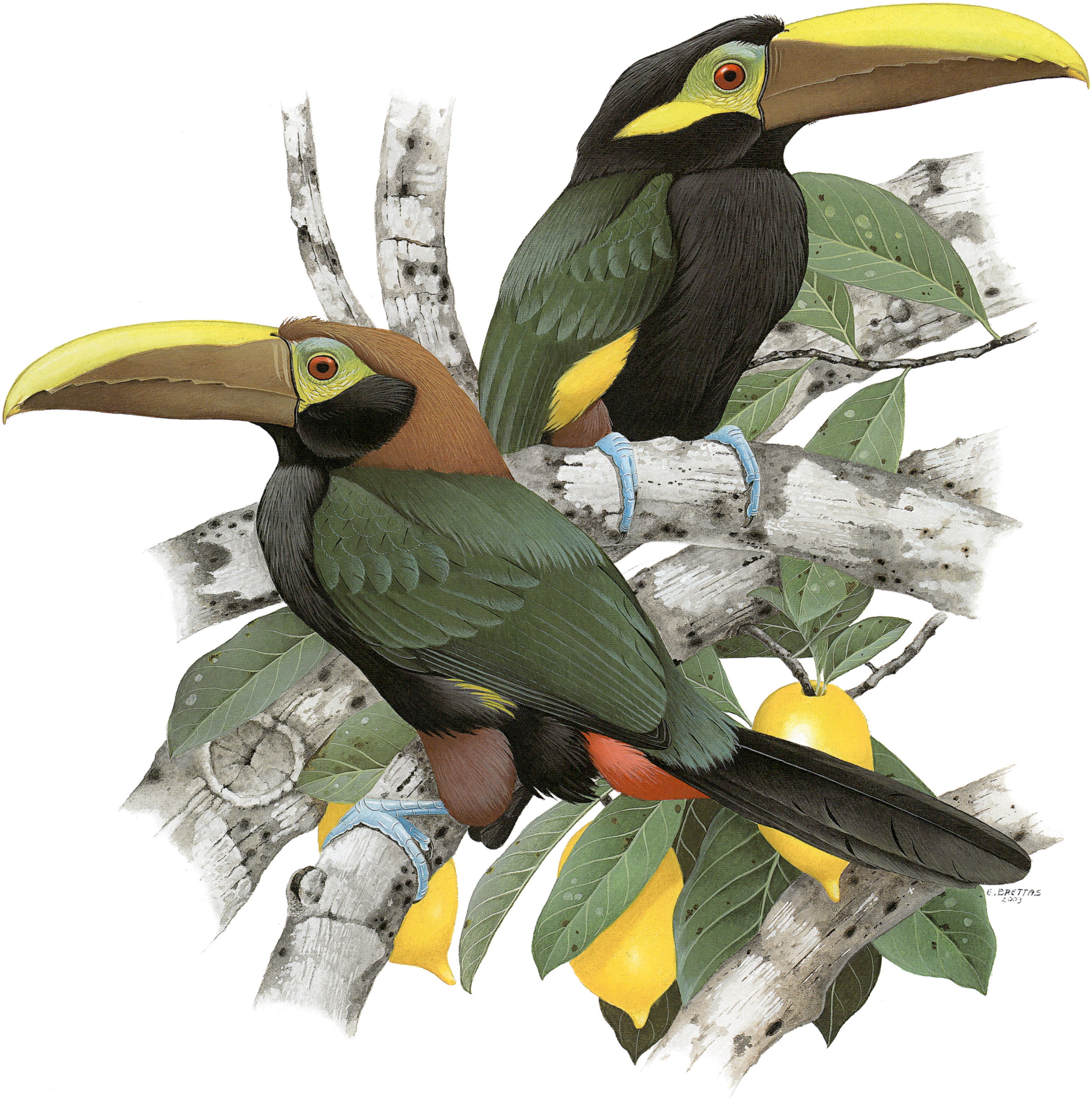
E. BRETTAS
2003

ARAÇARIPOCA-DA-GUIANA
Selenidera piperivora (Linnaeus, 1766)
(Prancha 9)

No araçaripoca-da-guiana, as fêmeas possuem uma coloração cinzenta, em toda a garganta e peito, diferente das demais espécies de araçaripocas nas quais nas fêmeas predomina a cor marrom. A face azul-esverdeada é brilhante e produz um grande contraste visual. Habita as matas da Venezuela, Guianas e Norte do Brasil, na margem norte do Amazonas, desde o rio Negro até o Amapá. Mede de 33 cm a 35 cm e pesa cerca de 130 g a 140 g.

Diferencia-se ainda das demais espécies do gênero **Selenidera** por possuir o bico maior e as asas e cauda relativamente menores, ou seja, diferentes proporções (Haffer, 1974).

É uma espécie florestal vivendo em casais ou pequenos grupos, sempre procurando as árvores com frutos. Comum nas margens dos grandes rios da região, sua vocalização é bastante variada emitindo uma série de gritos roucos, lembrando uma matraca, parecendo dizer: "kré-kré-kré-kréo-kréo-kréo...", diferente da vocalização de **S. maculirostris** e **S. gouldii**. Essa ave também é conhecida localmente pelo nome de "culique" ou "culik", que é a tradução onomatopéica de um de seus freqüentes gritos "culik", aliás comum a vários outros araçaris.

Dentre as frutas prediletas está a embaúba (**Cecropia** sp.) e a palmeira bacaba (**Oenocarpus** sp.) comendo também a pimenta (Piperacea) cultivada na região, conforme comentado por Gould (1854), o que levou Linnaeus a batizar essa ave com o nome de "***piperivorus***" que significa "comedor de pimenta". Vários autores recentes têm denominado essa espécie como **Selenidera culik** (Wagler, 1827), mas a denominação de Linnaeus tem validade e prioridade sobre a de Wagler.

GUIANAN TOUCANET
Selenidera piperivora (Linnaeus, 1766)
(Plate 9)

The female Guianan toucanet has a greyish coloring across the entire throat and chest, different to other toucanet species whose females are largely brown. Its bright greenish-blue face offers a marked visual contrast. Living in the forests of Venezuela, the Guianas and northern Brazil, on the north bank of the Amazon River, it is also found along the Negro River as far as Amapá State. It measures 33 cm to 35 cm and weighs some 130 g to 140 g.

*It also differs from other species belonging to the **Selenidera** genus through its larger bill and relatively smaller wings and tail, meaning that its proportions are different (Haffer, 1974).*

*This is a forest species that lives in pairs or small groups, always seeking fruit-bearing trees. Common along the banks of the major rivers in this region, its call is varied, consisting of a series of harsh shrieks like a machine gun: "kreh-kreh-kreh-kreho-kreho-kreho...", differing from the call of **S. maculirostris** and **S. gouldii**. This bird is also known locally as culique or culik, which is an onomatopeic echo of one of its frequent shrieks, which are in fact common to several other toucanets.*

*Its favorite foods include the nuts of the embauba (**Cecropia** sp) and turu palm (**Oenocarpus** sp); it also eats the pepper (Piperacea) grown in this region, as mentioned by Gould (1854), prompting Linnaeus to give this bird the name of "**piperivorus**" meaning "pepper-eating". Several recent authors have called this species **Selenidera culik** (Wagler, 1827), but the name given by Linnaeus remains valid and takes priority over that of Wagler.*

Prancha / Plate 9
ARAÇARIPOCA-DA-GUIANA / GUIANAN TOUCANET
Selenidera piperivora (Linnaeus, 1766) – Página ao lado, fêmea acima / Page alongside, female above

E. BRETTAS
2003

ARAÇARIPOCA-DE-NATTERER
Selenidera nattereri (Gould, 1836)

(Prancha 10)

Mede 32 cm e pesa cerca de 150 g a 160 g. Juntamente com as três espécies subseqüentes (**S. reinwardtii**, **S. gouldii** e **S. maculirostris**), possui uma série de caracteres comuns. Na realidade, machos e fêmeas dessas quatro espécies diferem quase que exclusivamente na coloração e proporções do bico e alguns detalhes mais; fazem parte de uma mesma "superespécie".

O araçaripoca-de-natterer distingue-se pelo bico quase todo vermelho com manchas azuladas na base e principalmente pelo aspecto verrugoso tanto na base como nas bordas da maxila e mandíbula. Em exemplares taxidermizados de museus, a coloração desbota e se altera bastante, bem como o aspecto verrugoso se atenua.

Habita a planície amazônica, ao norte dos rios Solimões e Amazonas. Apesar da extensa distribuição, a espécie não é abundante em todas as áreas, certamente porque os grupos devem fazer migrações em busca das frutas da época. Ao que tudo indica, prefere as matas de solo arenoso sempre próximo a pequenos córregos (Short e Horne, 2002). Parece ser mais abundante nas adjacências do rio Negro, com poucos registros até a Guiana Francesa e Amapá, no Brasil. (Sick, 1997).

A vocalização do araçaripoca-de-natterer é uma longa seqüência de chamados dissilábicos que parecem dizer "há-ú...há-ú...há-ú...há-ú...", lembrando bem a vocalização das demais espécies dessa superespécie. Para os menos experientes, a vocalização parece ser o chamado de alguma espécie de rã dos altos das bromélias.

Dentre as espécies de *Selenidera*, essa talvez seja a menos conhecida.

TAWNY-TUFTED TOUCANET
Selenidera nattereri (Gould, 1836)

(Plate 10)

*Measuring 32 cm and weighing 150 g to 160 g, it has many characteristics shared with the three subsequent species: **S. reinwardtii**, **S. gouldii** and **S. maculirostris**. In fact, the males and females of these four species differ only in the coloring and proportions of their bills, as well as a few other details, forming part of a single "superspecies".*

The tawny-tufted toucanet is distinguished by its bill, almost completely red with bluish patches at the base, and particularly its warty appearance at the base, as well as along the edges of the maxilla and mandible. When examples are preserved through taxidermy in museums, their coloring fades and alters significantly, and warty appearance also becomes less apparent.

Living on the Amazon floodplain as far as north of the Solimões and Amazonas Rivers, this species is not abundant in all areas, despite its widespread distribution, certainly because these groups migrate in search of seasonal fruits. It seems to prefer forests growing in sandy soils, always close to small streams (Short & Horne, 2002). Apparently more abundant along the Negro River, there are a few records as far as French Guiana and Amapá State in Brazil. (Sick, 1997).

The call of the tawny-tufted toucanet is a long sequence of disyllabic chirps: "hah-oo...hah-oo...hah-oo...hah-oo...", closely resembling the call of other species belonging to this superspecies. For the less experienced, this call may resemble the croak of some frog species tucked high in the bromeliads.

*This is perhaps the least-known of the **Selenidera** species.*

Prancha / Plate 10
ARAÇARIPOCA-DE-NATTERER / TAWNY-TUFTED TOUCANET
Selenidera nattereri (Gould, 1836) – Página ao lado, fêmea acima / *Page alongside, female above*

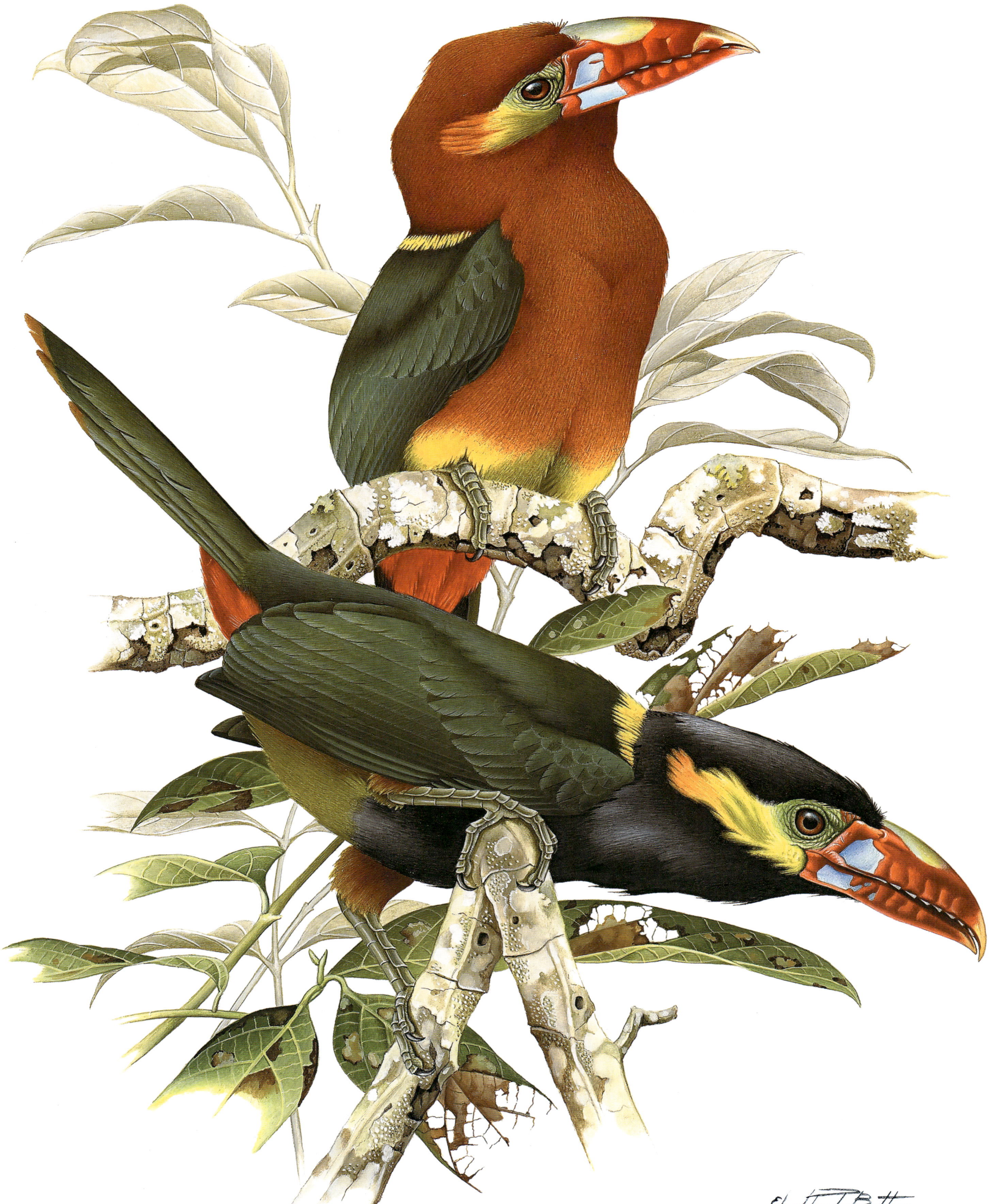
1997

ARAÇARIPOCA-DE-REINWARDT
Selenidera reinwardtii (Wagler, 1827)
(Prancha 11)

Espécie das florestas úmidas da alta Amazônia, desde o sul da Colômbia, Equador, Peru, norte da Bolívia e Brasil, no oeste e sul do Amazonas e Acre. A espécie é dividida em duas formas distintas. Ao norte do rio Solimões, habita ***Selenidera reinwardtii reinwardtii*** (Wagler, 1827), que possui o bico vermelho com o cúlmen e ápice pretos; ao sul do Solimões vive ***Selenidera reinwardtii langsdorffii*** (Wagler, 1827), que possui o bico verde na base com o ápice negro. Outras diferenças mais tênues existem na plumagem. As duas formas descritas por Wagler em 1827 já foram largamente consideradas como espécies independentes, porém existem algumas populações intermediárias no nordeste do Peru que parecem demostrar que existe uma evidente intergradação dentro de uma mesma espécie.

O araçaripoca-de-reinwardt mede cerca de 33 cm a 35 cm; a subspécie ***reinwardtii*** pesa de 129 g a 178 g enquanto a ***langsdorffii*** pesa de 134 g a 200 g (Short e Horne, 2002).

Habita as florestas primárias, tanto nas várzeas úmidas como nas de terra firme, incluindo algumas regiões mais altas, serras e montanhas, chegando acima dos 1.000 m de altitude. Seus hábitos são similares às demais espécies de saripocas, vivendo em pequenos grupos, às vezes, mistos com outras aves frugívoras, sempre nas copas de grandes árvores à procura de frutas, não desprezando alguns insetos, ovos e pequenos vertebrados. Entre as principais frutas que busca, estão as embaúbas (***Cecropia*** *sp.*) e figueiras (***Ficus*** *sp.*).

Sua vocalização lembra também o chamado de uma rã ou sapo, consistindo numa seqüência monótona "ruëc...ruëc...ruëc...ruëc..." que se assemelha bastante ao padrão das demais espécies de ***Selenidera***. Existem algumas informações sobre seus ninhos localizados em cavidades abaixo de 4 m de altura e que acontece em diferentes meses do ano, dependendo da região geográfica (Short e Horne, 2002).

A espécie não é rara, estando presente em grande número em regiões propícias quando há frutificação de seus frutos prediletos.

GOLD-COLLARED TOUCANET
Selenidera reinwardtii (Wagler, 1827)
(Plate 11)

*An upper Amazonia rainforest species found in southern Colombia, Ecuador, Peru, and northern Bolivia, as well as western Brazil, in southern Amazonas and Acre States, this species is divided into two distinct forms. North of the Solimões River is the habitat of **Selenidera reinwardtii reinwardtii** (Wagler, 1827), which has a red bill with a black culmen and tip; south of the Solimões River is the **Selenidera reinwardtii langsdorffii** (Wagler, 1827), whose bill is green at the base, with a black tip. Other less significant differences are noted in the plumage. The two forms described by Wagler in 1827 were generally considered as independent species, although there are some intermediate populations in northeast Peru that seem to demonstrate an evident intergradation within a single species.*

*The gold-collared toucanet measures some 33 cm to 35 cm; the **reinwardtii** subspecies weighs 129 g to 178 g, while **langsdorffii** weighs 134 g to 200 g (Short & Horne, 2002).*

*Living in primary wetlands and uplands forests, including some higher ground, hills, ranges and mountains, it can be found at altitudes of more than 1,000 m. Its habits are similar to those of other toucanet species, living in small groups, at times intermingling with other fruit-eating birds, always in the canopies of tall trees, seeking fruits but not scorning some insects, eggs and small vertebrates. Among its favorite fruits are the nuts of the embauba palm (**Cecropia** sp) and figs (**Ficus** sp).*

*Similar to the croak of a frog or toad, its call consists of a monotonous sequence of "roo-ehk...roo-ehk...roo-ehk...roo-ehk...", quite similar to that of the other **Selenidera** species. Some information is available on its nests, made in holes less than four meters high and at different times of the year, depending on the geographical region (Short & Horne, 2002).*

This fairly common species is found in large numbers in suitable regions, when its favorite fruits and berries are in season.

Prancha / Plate 11
ARAÇARIPOCA-DE-REINWARDT / *GOLD-COLLARED TOUCANET*
Selenidera reinwardtii reinwardtii (Wagler, 1827) – Página ao lado, macho acima / *Page alongside, male above*
Selenidera reinwardtii langsdorffii (Wagler, 1827) – Página ao lado, macho à direita e fêmea à esquerda / *Page alongside, male on right and female on left*

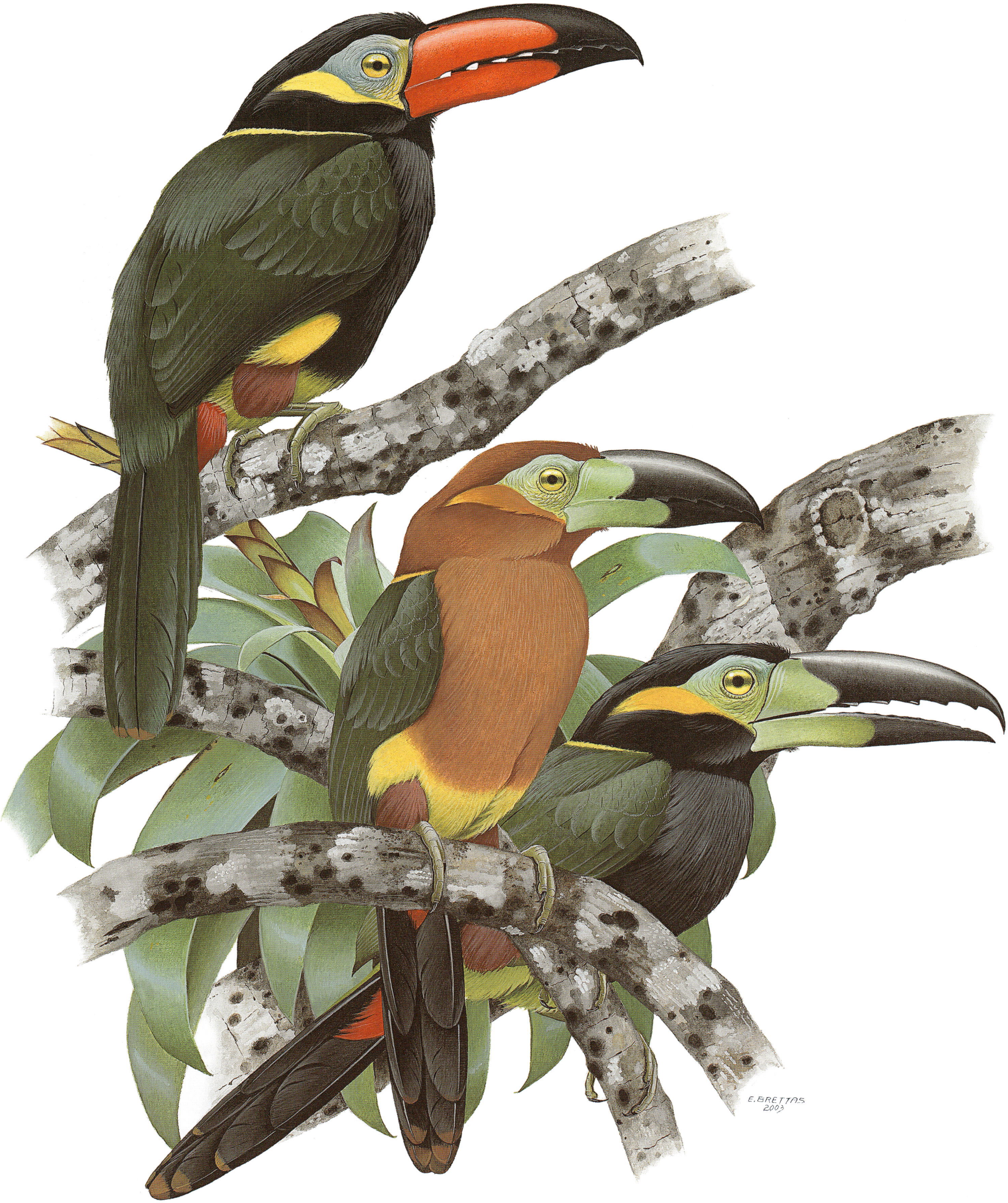
E.BRETTAS
2003

ARAÇARIPOCA-DE-GOULD
Seledinera gouldii (Natterer, 1837)

(Prancha 12)

Essa espécie foi descrita por Natterer em homenagem a John Gould e certamente em retribuição pela ***Selenidera nattereri*** descrita por Gould em 1836. Mede em torno de 34 cm a 36 cm de comprimento e pesa de 170 g a 190 g. O dimorfismo sexual é grande; o macho tem predomínio da cor negra na cabeça e peito, enquanto na fêmea essas partes são de cor marrom-castanho. Tem grande afinidade parental com a espécie do Sudeste brasileiro ***Selenidera maculirostris***, inclusive no que diz respeito à vocalização bastante semelhante.

Comum na margem sul do Amazonas, a leste do rio Madeira até o norte do Maranhão e Ceará, incluindo o norte do Mato Grosso e regiões limítrofes da Bolívia. Existe uma discreta diferenciação clinal nas populações de oeste para leste (Novaes e Lima, 1991) e populações disjuntas ocorrem na região leste de Belém, Pará e na Serra de Baturité, no Ceará. Embora não seja um consenso geral, a espécie deve ser considerada monotípica, ou seja, sem subespécies. Então, as formas denominadas **S. gouldii hellmayri**, por Griscom e Greenway (1937) e **S. gouldii baturitensis** por Pinto et al (1961), não nos parecem válidas.

É uma ave florestal que explora todos os extratos da mata à procura de suas frutas prediletas e, eventualmente, algum inseto apetitoso. Explora também as bordas das matas, incluindo regiões degradadas pelo homem conforme observamos no norte de Mato Grosso. Quase sempre em pequenos grupos de quatro a dez indivíduos, barulhentos, gritadores, fazendo bulhas nas ramas.

Sua vocalização lembra a de **Selenidera maculirostris** – "o-gô...o-gô...o-gô..." – e ocasionalmente um chamado áspero "krré...krrrréee...". Tem grande predileção pelos frutos da embaúba (**Cecropia sp**.). Bastante amigáveis, permitem uma grande aproximação dos humanos.

GOULD'S TOUCANET
Seledinera gouldii (Natterer, 1837)

(Plate 12)

*This species was described and named by Natterer as a tribute to John Gould, certainly as a response to the naming of **Selenidera nattereri** as described by Gould in 1836. With a length of 34 cm to 36 cm and weighing 170 g to 190 g, its sexual dimorphism is striking; the head and chest of the male are largely black, while they are chestnut brown in the female. It is closely related to the **Selenidera maculirostris** species found in southeast Brazil, with a fairly similar call.*

*Common along the southern bank of the Amazon River and the eastern bank of the Madeira River as far a northern Maranhão and Ceará States, including northern Mato Grosso State and the Bolivian border, there is a discreet clinal differentiation in these populations, from west to east (Novaes & Lima, 1991), with isolated populations found in the region east of Belém, Pará State, and the Serra de Baturité in Ceará State. Although there is no widespread agreement over whether this species should be considered as a monotype, meaning it has no subspecies, we do not feel that the forms called **S. gouldii hellmayri** by Griscom and Greenway (1937) and **S. gouldii baturitensis** by Pinto et al. (1961) are valid.*

This forest bird explores all forest strata as it seeks its favorite fruits and the occasional tempting insect. It also explores the fringes of the forests, including areas degraded by anthropic activities, as noted in northern Mato Grosso State. Almost always in small groups of four to ten individuals, shrieking noisily, they cause a real commotion in the branches.

*Its call is similar to that of **Selenidera maculirostris** "o-goh...o-goh...o-goh...", and occasionally a harsh "krreh...krrrreeeh...". It particularly enjoys the nuts of the embauba palm (**Cecropia sp**.), and is quite trustful, allowing human beings to draw quite close to it.*

Prancha / Plate 12
ARAÇARIPOCA-DE-GOULD / GOULD'S TOUCANET
Seledinera gouldii (Natterer, 1837) – Página ao lado, fêmea acima / Page alongside, female above

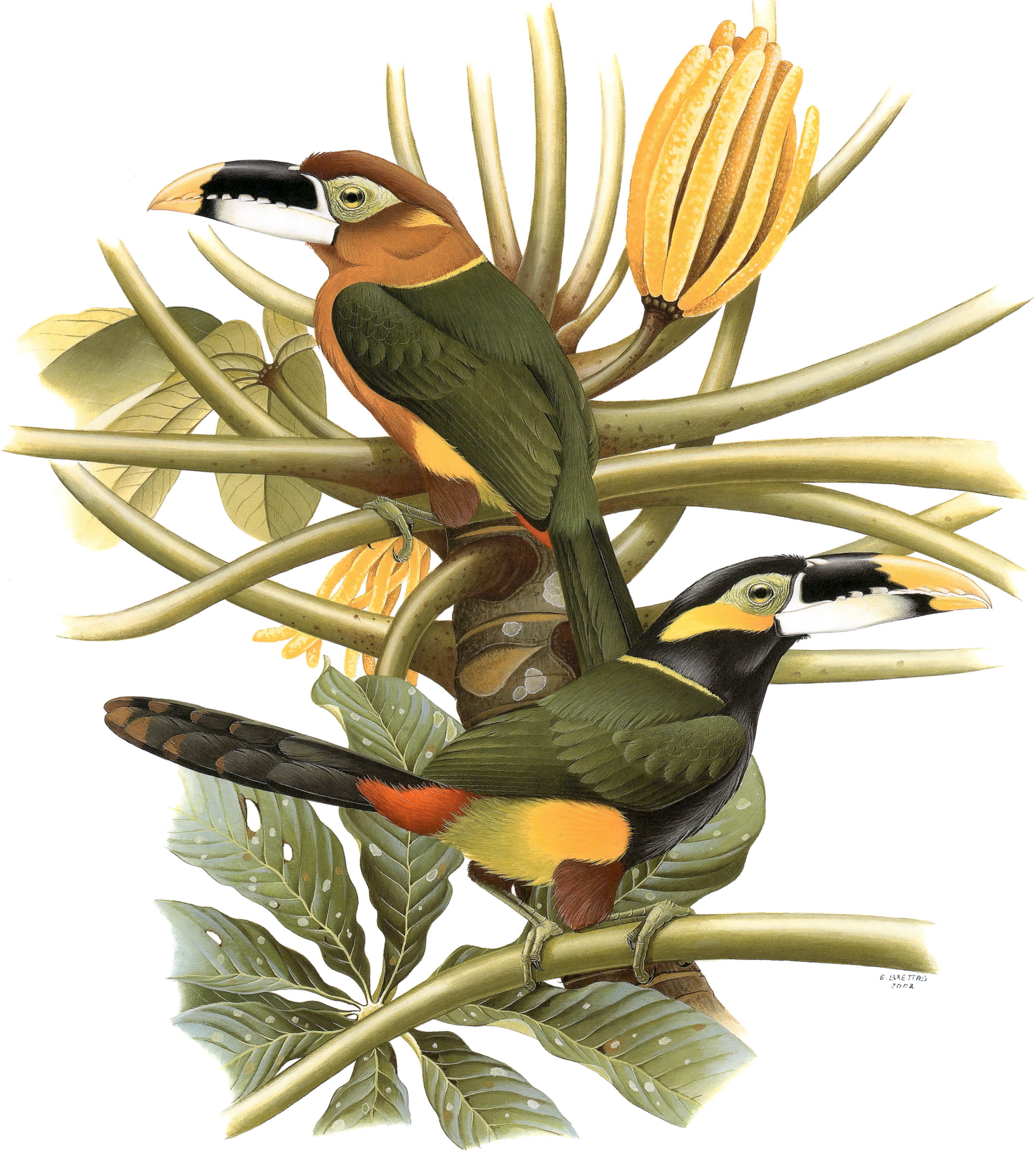
E. BRETTAS
2002

ARAÇARIPOCA-DE-BICO-RISCADO
Selenidera maculirostris (Lichtenstein, 1823)
(Prancha 13)

Típico da Mata Atlântica, é comum no Sudeste brasileiro, do sul da Bahia até o Rio Grande do Sul, estendendo-se para oeste até Missiones na Argentina e extremo leste do Paraguai. Mede de 33 cm a 35 cm e pesa ao redor de 170 g. Seu bico, menor que o do araçaripoca-de-Gould, seu parente mais próximo, é branco com três a cinco faixas, ou riscos pretos transversais, formando desenhos variados. O nome araçaripoca costuma ser simplificado na região sul para "saripoca".

É uma espécie florestal, que freqüenta as copas médias e altas das matas densas e úmidas, tanto das baixadas como das montanhas; faz migrações regionais, buscando a frutificação de certas plantas, especialmente o palmito (**Euterpe edulis**) que parece ser o seu principal alimento. Na Serra do Mar, a frutificação do palmito inicia-se em abril, ao nível do mar e progressivamente expande-se para as regiões (montanhas) mais elevadas nos meses subseqüentes, ocorrendo até acima dos 1.000 m de altitude. Dessa forma, o saripoca-de-bico-riscado atinge populações mais concentradas nos meses de abril e maio junto às florestas à beira-mar. No interior da mata, sua face de cor verde brilhante em contraste com o bico quase branco destaca-se bastante na paisagem.

Vive quase sempre em pequenos bandos, de quatro a oito integrantes, às vezes misturados com o araçari-banana (**Baillonius bailloni**) que, juntos, exploram as mesmas fruteiras, fazendo intensas bulhas pelas copas. Sua vocalização é muito característica: "o-gô, o-gô, ogô...", e quando canta faz movimentos rítmicos com a cabeça para cima e para baixo; ocasionalmente emite um outro chamado mais agudo que mais parece um grito: "grrréé...grrréé..."

A íris com uma mancha escura nas regiões anterior e posterior da pupila, aliás comum a outras espécies do gênero, dá a impressão de um olhar vago e inexpressivo, que já lhe rendeu certos nomes populares como "dorminhoco", como é conhecido em alguns locais do Sudeste brasileiro.

SPOT-BILLED TOUCANET
Selenidera maculirostris (Lichtenstein, 1823)
(Plate 13)

Typical of the Atlantic Rainforest, it is found in southeastern Brazil, from southern Bahia State through to Rio Grande do Sul, extending westwards to Missiones in Argentina and the far eastern borders of Paraguay. Measuring 33 cm to 35 cm, and weighing around 170 g, its bill is smaller than that of Gould's toucanet, which is its closest relative, with three to five cross-black stripes in a variety of designs. Its Portuguese name of aracaripoca is often simplified to "saripoca" in southern Brazil.

*This forest species prefers the mid and upper canopies of dense rainforests, in lowland areas as well as the mountains; it migrates at the regional level, following the fruiting of certain plants, particularly the jucara palm (**Euterpe edulis**) which seems to be its main food source. In the Serra do Mar coastal range, jucara palms begin to produce nuts in April at sea level, extending steadily upwards along the mountain slopes as the year progresses, reaching an altitude of 1,000 m. Consequently, spot-billed toucanet populations tend to cluster more in the coastal forest during April and May. In the depths of the forest, its bright green face contrast with its almost white bill, standing out against the landscape.*

*It almost always lives in small flocks of four to eight individuals, sometimes intermingling with the saffron toucanet (**Baillonius bailloni**), as they live off the same fruit trees, causing a real hullabaloo in the tree tops. Its call is very characteristic: "o-goh, o-goh, o-goh...", jerking its head rhythmically up and down as it calls; occasionally it produces a higher sound that is more like a shriek: "grrreeee...grrreeee..."*

Similar to other species belonging to this genus, a dark patch in front of and behind the pupil gives its iris a vague and dull expression, which has resulted in nicknames such as "sleepyhead", as it is known in some parts of southeast Brazil.

Prancha / Plate 13
ARAÇARIPOCA-DE-BICO-RISCADO / SPOT-BILLED TOUCANET
Selenidera maculirostris (Lichtenstein, 1823) – Página ao lado, macho acima / *Page alongside, male above*

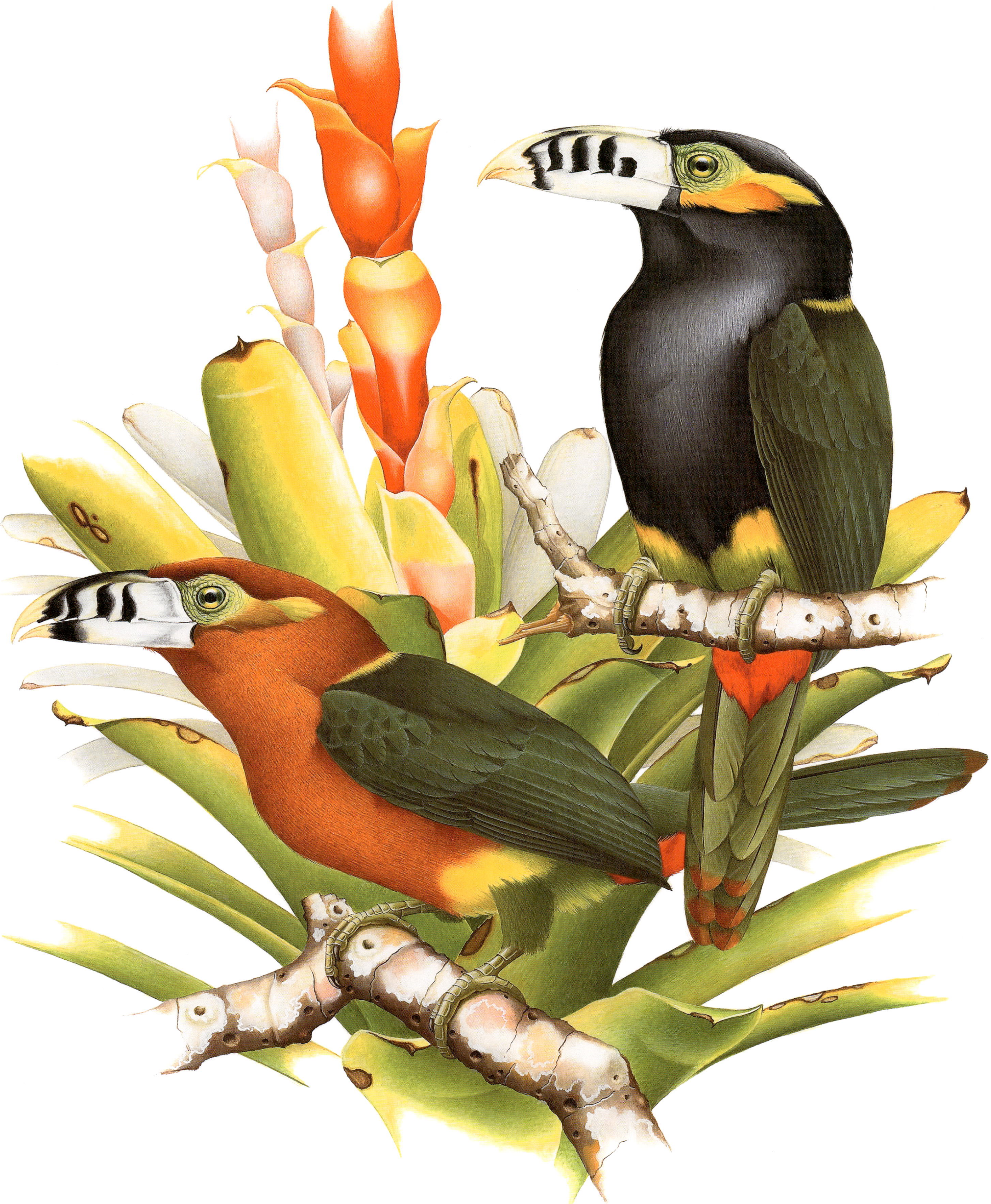

ARAÇARI-AZUL
Andigena hypoglauca (Gould, 1833)
(Prancha 14)

De porte relativamente grande, habita as mais elevadas e úmidas florestas na porção setentrional dos Andes, onde predominam os **Podocarpus**, sempre na faixa de 2.200 m até 3.500 m de altitude. Mede de 46 cm a 48 cm e pesa entre 250 g e 350 g. Machos e fêmeas são iguais, no entanto as fêmeas costumam ter o bico um pouco menor.

Juntamente com as duas espécies seguintes (**A. cucullata** e **A. laminirostris**) forma uma superespécie; muito semelhantes entre si, diferenciando-se principalmente por detalhes de coloração do bico.

O araçari-azul é representado por duas subespécies, aliás bastante similares entre si; a forma típica, **A. h. hypoglauca** (Gould, 1833) que ocorre na Colômbia e Equador, tem a íris e região perioftálmica azul-escuro; enquanto **A. h. laterallis** (Chapman, 1923), que ocorre no sul do Equador e Peru, apresenta a íris amarela e um amarelo mais pálido nos flancos e baixo dorso. Existe uma intergradação desses caracteres nas aves da região central do Equador, com difícil identificação a nível subespecífico.

Em sua distribuição ocorre também o araçari-de-bico-preto (**Andigena nigrirostris**) que, embora seja simpátrico, sempre ocupa as matas de altitude menores e muito raramente essas espécies se misturam na natureza.

Hábitos gregários, participam em grupos mistos, junto com outros frugívoros como sabiás, sanhaços, cotingas, forrageando as copas das árvores buscando frutos e eventualmente alguns insetos. Aprecia também os frutos da embaúva (**Cecropia** sp.) e de algumas palmeiras. Sua vocalização é similar às demais espécie desse gênero, emitindo chamados ásperos e baixos "pek...pek...pek..." e gritos mais altos e esganiçados "fié-fié-fié...".

A espécie é bem protegida, estando presente em diversos parques e reservas.

GREY-BREASTED MOUNTAIN-TOUCAN
Andigena hypoglauca (Gould, 1833)
(Plate 14)

*Relatively large, it lives in the higher rainforests along the northern portion of the Andes, where **Podocarpus** predominates, always at altitudes ranging between 2,200 m to 3,500 m. With a length of 46 cm to 48 cm and weighing 250 g to 350 g, its males and females are identical, although the females usually have a slightly smaller bill.*

*Together with the two following species (**A. cucullata** and **A. laminirostris**) they form a superspecies; very similar among themselves, the main difference lies in the coloring details of their bills.*

*The grey-breasted mountain-toucan is represented by two subspecies, that are also quite similar: the typical form **A. h. hypoglauca** (Gould, 1833) is found in Colombia and Ecuador, with a dark blue periophthalmic region and iris, while **A. h. laterallis** (Chapman, 1923) is found in southern Ecuador and Peru, with a yellow iris and paler yellow along its flanks and lower back. There is an intergradation of these characteristics among the birds found in central Ecuador, hampering identification at the subspecies level.*

*Its distribution area is also home to the black-billed mountain-toucan (**Andigena nigrirostris**) which, although sympatric, always lives in lower-altitude forests, meaning that these species rarely intermingle in the wild.*

*Gregarious in their habits, these groups intermingle with other fruit-eaters such as thrushes, tanagers and cotingas, foraging through the treetops in search of berries and occasional insects. They also appreciate the nuts of the embauba (**Cecropia** sp.) and other palms. Its call is similar to the other species belonging to this genus, with low, harsh "pek...pek...pek..." sounds, with shriller screams: "fi-ay-fi-ay-fi-ay...".*

Well protected, this species is found in several parks and reserves.

Prancha / Plate 14
ARAÇARI-AZUL / GREY-BREASTED MOUNTAIN-TOUCAN
Andigena hypoglauca lateralis Chapman, 1923 – Página ao lado / *Page alongside*

E. BRETTAS
2003

ARAÇARI-DE-CAPUZ
Andigena cucullata (Gould, 1846)

(Prancha 15)

Bastante semelhante ao araçari-azul, caracteriza-se pelo amarelo-limão da base do bico, pela face azul brilhante e também pelo baixo dorso que em vez do amarelo de seus congêneres é plenamente verde. Bastante interessante é a ausência da cor marrom nas extremidades das retrizes, característico das demais espécies do gênero **Andigena**. Gould (1854) salienta a plumagem densa aparentando pêlos que distingue esse araçari das outras formas do gênero. O araçari-de-capuz também possui um colar azul-claro sobre a nuca, como em **Andigena hypoglauca**.

Espécie de grande porte, aliás como os demais do gênero **Andigena**, medindo de 48 cm a 50 cm e pesando de 270 g a 370 g; machos e fêmeas são iguais, apenas com uma leve superioridade no porte dos machos, especialmente no bico.

Habitante dos Andes setentrionais, habita o sul do Peru até a porção central da Bolívia, entre altitudes de 2.400 m a 3.300 m. Sua área de distribuição coincide em parte com a do araçari-de-banda-azul (**Aulacorhynchus coeruleicintis**), entretanto não costumam ser sintópicos, pois o araçari-de-capuz costuma ocupar altitudes mais elevadas, evitando a competição pelas fruteiras.

Hábitos gregários, como de regra entre os ranfastídeos, forma grupos de quatro a dez indivíduos para forragear nas copas de árvores em busca de frutos, insetos e outros pequenos animais para complementar sua alimentação. Sua vocalização segue um padrão comum às demais espécies do gênero, com longos e repetidos chamados esganiçados: "fiick....fiick...fiick...", e uma vocalização mais baixa, "tac-tac-tac-tac...".

Embora não seja uma espécie rara em sua distribuição, esta é bastante restrita, o que se constitui um fator de risco para a sobrevivência desta ave.

HOODED MOUNTAIN-TOUCAN
Andigena cucullata (Gould, 1846)

(Plate 15)

*Quite similar to the grey-breasted mountain-toucan, it is characterized by the lemon-yellow base of the bill, a bright blue face and the lower back, which is all green, instead of the yellow of other members of this genus. The absence of brown from the tips of the tail quills is particularly interesting, characteristic of the other species belonging to the **Andigena** genus. Gould (1854) stresses the dense hair-like plumage that distinguishes this toucan from other forms of this genus. The hooded mountain-toucan also has a pale blue ring around its nape, similar to **Andigena hypoglauca**.*

*A large species like others belonging to the **Andigena** genus, it measures 48 cm to 50 cm, weighing 270 g to 370 g; the males and females are identical, with the males being slightly larger, particularly their bills.*

*Living in the northern Andes, they are found from southern Peru to central Bolivia, at altitudes ranging from 2,400 m to 3,300 m. This distribution area partly coincides with that of the blue-banded toucanet (**Aulacorhynchus coeruleicintis**), although they are not usually syntopic as the hooded mountain-toucan tends to live at higher altitudes, avoiding competition for food.*

Gregarious like most ramphastids, it forms groups of four to ten individuals, foraging through the tree-tops in search of berries, insects and other small animals to supplement its diet. Its call is similar to that of the other species belonging to this genus, with long and repeated screeches: "feeeek....feeeek...feeeek..." and a deeper call: "tac-tac-tac-tac...".

Although this species is not rare within its distribution area, its geographical range is somewhat limited, constituting a risk factor for the survival of this species.

Prancha / Plate 15
ARAÇARI-DE-CAPUZ / *HOODED MOUNTAIN-TOUCAN*
Andigena cucullata (Gould, 1846) – Página ao lado / *Page alongside*

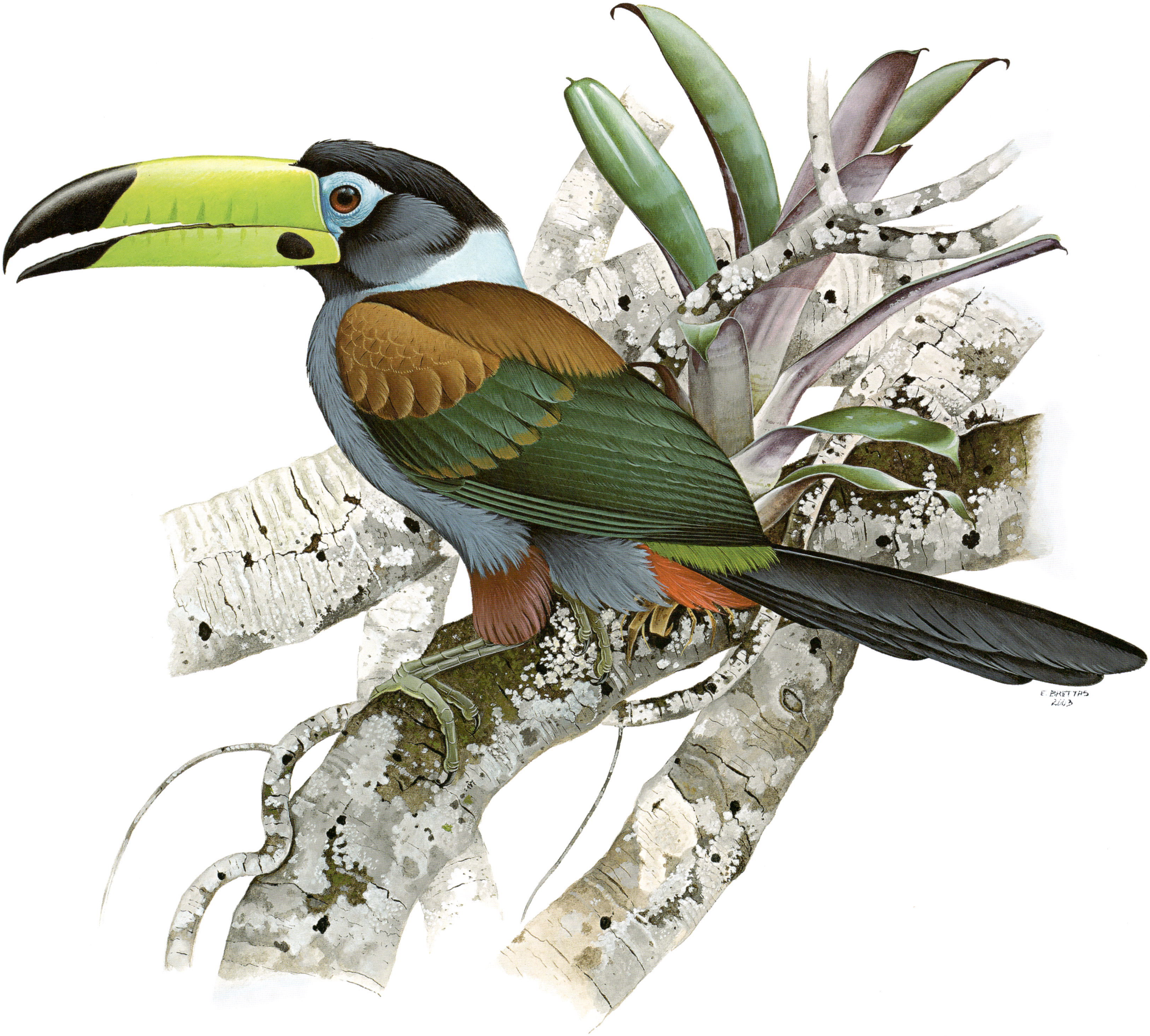
E. BRETTAS
2003

ARAÇARI-BICO-DE-PLACA
Andigena laminirostris Gould, 1851
(Prancha 16)

É de grande porte, medindo cerca de 48 cm a 51 cm, pesando em torno de 300 g a 350 g, portanto, de porte similar ao das espécies menores de tucanos verdadeiros do gênero **Ramphastos**.

Sua principal característica está em uma placa (lâmina) quadrada, de cor amarelo-creme na base da maxila que parece destacada ou sobreposta ao bico extensamente negro com a base vermelha; essa particularidade não é encontrada em nenhuma outra espécie de ranfastídeo. Difere ainda das espécies anteriores, com as quais é mais aparentado, pela ausência do colar azul-claro sobre a nuca.

Machos e fêmeas são praticamente iguais, sendo a fêmea discretamente menor e com o bico proporcionalmente mais encurtado; os representantes jovens apresentam a coloração mais tocada ao cinza (menos azul).

Ocorre apenas nas encostas ocidentais dos Andes da Colômbia e Equador, voltadas para o Pacífico, entre altitudes de 1.000 m a 2.500 m. A espécie é monotípica, ou seja, sem variações geográficas ou subespécies. Vive apenas nas florestas úmidas, fechadas com grandes árvores e ricas em musgos, bromélias e outras epífitas.

Seus hábitos são similares aos dos demais ranfastídeos forrageando em pequenos grupos pelas copas das árvores. Dentre suas prediletas, procura os frutos da embaúba, (**Cecropia**), **Clusia**, **Ficus**, **Miconia**, palmáceas e outras. Boa parte de sua alimentação provem também de insetos, ovos, niguegos de aves e pequenos roedores. Faz migrações altitudinais em busca de suas frutas da época. Sua vocalização é do mesmo padrão das demais espécies do gênero, uma seqüência de grunhidos "crii...crii...crii..." de baixa altura e gritos mais altos: "fié-fié-fié".

A espécie não é rara dentro de sua distribuição, porém esta é bastante restrita, e por ser dependente de floresta exuberante, a lenta degradação que seu hábitat vem sofrendo, poderá ser em breve, uma ameaça para a sua existência.

PLATE-BILLED MOUNTAIN-TOUCAN
Andigena laminirostris Gould, 1851
(Plate 16)

*Measuring some 48 cm to 51 cm and weighing around 300 g to 350 g, this is a large bird that is similar in size to the smaller species of true toucans belonging to the **Ramphastos** genus.*

Its main characteristic is a square creamy-yellow plate at the base of the maxilla, which seems to loosely overlap its largely black bill with a red base; this characteristic is not found in any other ramphastid species. It also differs from the species described above, which it most resembles, with no pale blue collar around its neck.

Males and females are almost identical, although the female is slightly smaller with a proportionally shorter bill; the coloring of young specimens tends more towards grey rather than blue.

Found on the western slopes of the Andes in Colombia and Ecuador, facing the Pacific, at altitudes ranging from 1,000 m to 2.500 m, this is a monotype species with no geographical variations or subspecies. It lives only in rainforests protected by huge trees, rich in mosses, bromeliads and other epiphytes.

*Its habits are similar to those of the other ramphastids, foraging in small groups through the treetops seeking its favorite foods, which include the nuts of the embauba palm, (**Cecropia**), **Clusia**, **Ficus**, **Miconia** and other palms. Much of its nutrition also comes from insects, eggs, nestlings and small rodents. Seeking fruit in season, it migrates to different altitudes. Its call is similar to that of other species belonging to this genus, a sequence of low grunts: "creee...creee...creee..." and higher shrieks: "fee-ay— fee-ay— fee-ay".*

This species is not rare within its distribution area, although its range is fairly limited, depending on lush rainforests, meaning that the gradual degradation of its habitat may soon jeopardize the existence of this species.

Prancha / Plate 16
ARAÇARI-BICO-DE-PLACA / *PLATE-BILLED MOUNTAIN-TOUCAN*
Andigena laminirostris Gould, 1851 – Página ao lado / Page alongside

E. BRETTAS
2003

ARAÇARI-DE-BICO-PRETO
Andigena nigrirostris (Waterhouse, 1839)

(Prancha 17)

Notável pela cor do bico que lhe proporciona o nome e também pelo contraste decorrente do branco da garganta, esse araçari do extremo norte dos Andes é representado por três formas, cujas diferenças apresentam intergradações nas regiões limítrofes.

A forma típica, **A. n. nigrirostris** (Waterhouse, 1839), possui o bico todo negro e habita o oeste da Venezuela e leste da Colômbia, enquanto **A. n. occidentalis** (Chapman, 1915), com uma larga faixa vermelha na base de todo o bico, é encontrada na porção oeste da Colômbia; **A. n. spilorhynchus** (Gould, 1858), com uma faixa vermelha apenas na base da maxila ocorre no sul da Colômbia, Equador e extremo norte do Peru.

Mede de 48 cm a 50 cm e pesa cerca de 350 g a 400 g. Machos têm o bico discretamente maiores que as fêmeas, sendo entretanto iguais no restante. Em conjunto com as demais espécies do gênero **Andigena**, está entre os maiores representantes dos araçaris, sendo superadas em tamanho apenas pelos tucanos verdadeiros do gênero **Ramphastos**.

Habita as florestas, porém explora ambientes mais abertos, inclusive plantações próximas a habitações. Forrageia nas copas das árvores, em casais ou pequenos grupos, nas montanhas entre 1.500 m a 3.000 m de altitude. Nas áreas em que sua distribuição coincide com a do araçari-azul (**Andigena hypoglauca**), ou seja, em que são simpátricos, essas espécies não se misturam, ficando o araçari-azul sempre nas altitudes mais elevadas, enquanto o araçari-de-bico-negro explora as florestas de menores alturas, evitando assim a competição entre eles.

Sua vocalização obedece ao mesmo padrão das espécies do gênero, talvez um pouco mais diferenciada, com gritos seqüenciais: "creeê-creeeê-creeeê...fié-fié-fié". A espécie parece não estar ameaçada, no entanto, faltam estudos e informações sobre suas populações na natureza.

BLACK-BILLED MOUNTAIN-TOUCAN
Andigena nigrirostris (Waterhouse, 1839)

(Plate 17)

Notable for the color of its bill that gives it its name, and the contrast with its white throat, this mountain toucan from the far north of the Andes is represented by three forms, whose differences present intergradations in boundary regions.

Typically, **A. n. nigrirostris** *(Waterhouse, 1839) has a completely black bill, living in western Venezuela and eastern Colombia, while* **A. n. occidentalis** *(Chapman, 1915), has a large red stripe running along the base of its entire bill, living in western Colombia;* **A. n. spilorhynchus** *(Gould, 1858), has a red strip only at the base of the maxilla, found in southern Colombia, Ecuador and northernmost Peru.*

Measuring 48 cm to 50 cm and weighing 350 g to 400 g, the bill of the males is slightly larger than that of the females, while everything else about them is identical. Together with other species belonging to the **Andigena** *genus, they are among the largest mountain-toucan species, second in size only to the true toucans belonging to the* **Ramphastos** *genus.*

*Living in forests, they may nevertheless explore more open environments, including plantations close to human habitation. Foraging through the mountain forest canopy in pairs or small groups at altitudes of 1,500 m to 3,000 m, in some areas their distribution coincides with that of the grey-breasted mountain-toucan (**Andigena hypoglauca**), meaning that they are sympatric. However, this species does not intermingle with the grey-breasted mountain-toucan which always remains at higher altitudes, while the black-billed mountain-toucan prefers the lower forests, avoiding competition between them.*

Its call is similar to that of other species belonging to this genus, perhaps differing slightly, with a sequence of shrieks: "cree-eh — cree-eh— cree-eh ...fee-ay— fee-ay— fee-ay". This species does not seem to be endangered, although more studies and information are still required about its populations in the wild.

Prancha / Plate 17
ARAÇARI-DE-BICO-PRETO / *BLACK-BILLED MOUNTAIN-TOUCAN*
Andigena nigrirostris nigrirostris (Waterhouse, 1839) – Página ao lado, acima / *Page alongside, above*
Andigena nigrirostris occidentalis Chapman, 1915 – Página ao lado, abaixo / *Page alongside, below*

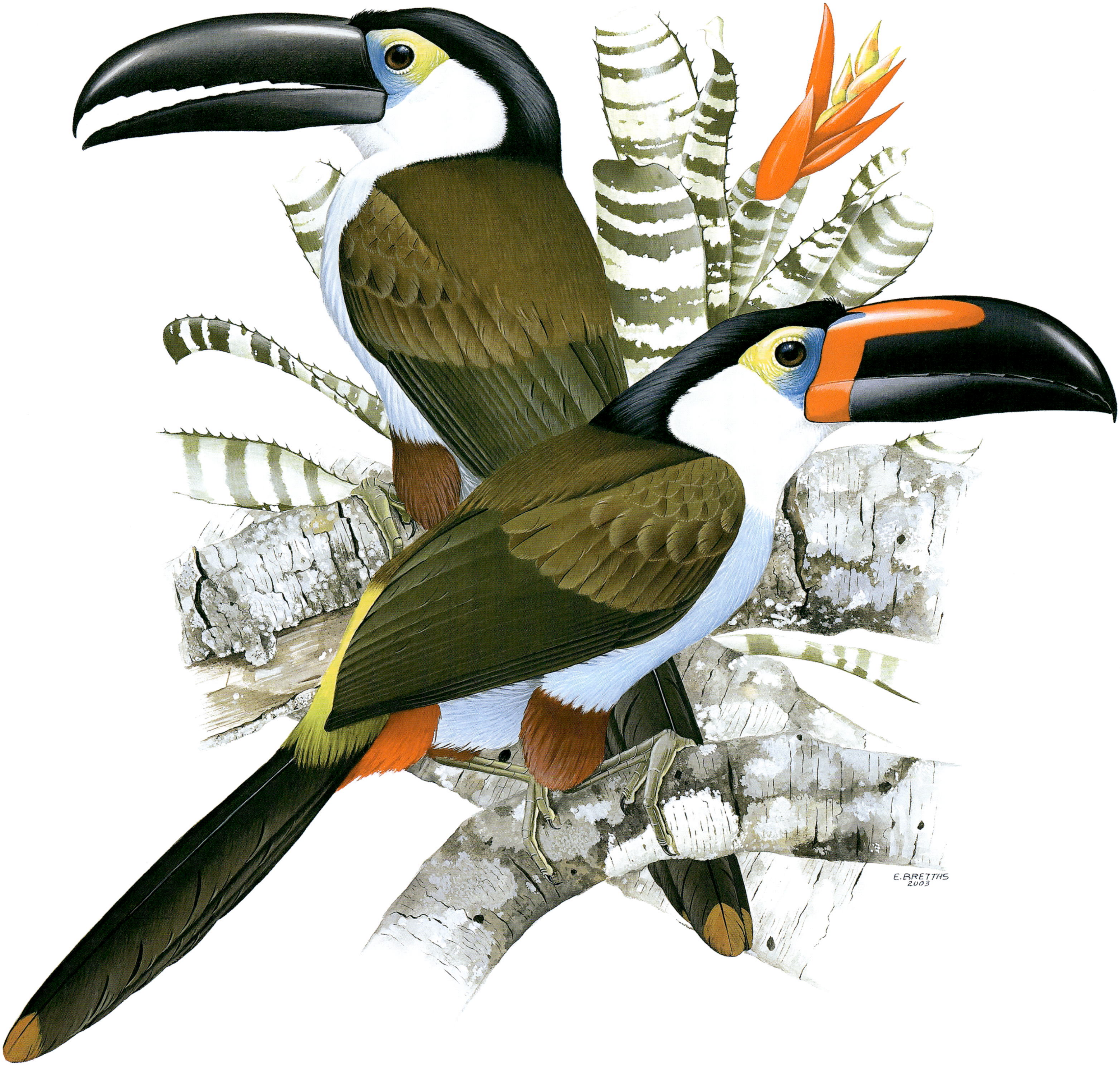
E.BRETTHS
2003

ARAÇARI-BANANA
Baillonius bailloni (Vieillot, 1819)
(Prancha 18)

Espécie comum no Sudeste brasileiro, habita as grandes florestas úmidas da Serra do Mar, mas também os fragmentos florestais menores e mais secos do interior, explorando ainda algumas áreas cultivadas próximas de matas. Ocorre no Brasil, desde o Espírito Santo até o Rio Grande do Sul e a oeste até Missiones na Argentina e leste do Paraguai. Um pequena população disjunta ocorre em Pernambuco (Sick, 1979). Pode ser encontrado tanto ao nível do mar quanto em montanhas próximo dos 2.000 m de altitude como na Serra da Mantiqueira.

O araçari-banana possui algumas características que lembram o gênero **Andigena**, como o padrão da coloração, e se assemelha também a **Pteroglossus** pela cauda escalonada sem o marrom nas extremidades das retrizes, porém seu bico tem uma conformação própria e mais delicada que o dos **Pteroglossus**, e suas tetrizes das partes inferiores possuem a parte plumácea mais densa e de coloração cinzenta, dando-lhe uma plumagem bastante distinta, merecendo o *status* de gênero separado. Mede cerca de 40 cm e pesa em torno de 140 g a 170 g; machos e fêmeas são iguais.

Explora os extratos médios das florestas, em grupos de três a oito indivíduos, freqüentemente acompanhando bandos mistos, nos quais podem participar outras espécies de ranfastídeos como o araçaripoca-de-bico-riscado (**Selenidera maculirostris**), o tucano-de-bico-preto (**Ramphastos vitellinus ariel**), o tucano-de-bico-verde (**Ramphastos dicolorus**) e aves de outras famílias como sabiás (Turdidae), arapongas (Cotingidae) etc.

A vocalização do araçari-banana constitui-se em um chamado muito freqüente, que lembra os representantes do gênero **Pteroglossus**: "píst...píst...píst..." e mais raramente emite um chamado longo que lembra uma saracura (**Aramides**): "fe-é...fe-é...fe-é..." exibido em gravação por Gonzaga e Castiglioni (2001).

Na Serra do Mar, nos meses de abril e maio concentram-se em maior número nas regiões próximas ao litoral para explorar os primeiros cachos a madurar dos frutos do palmiteiro (**Euterpe edulis**), sendo **Selenidera maculirostris** o seu parceiro mais freqüente.

Em suas andanças à procura de frutas, atravessa consideráveis extensões de regiões abertas e pode ser encontrado em fragmentos de mata de proporções menores. Parece ser uma espécie com razoável tolerância às alterações antrópicas.

SAFFRON TOUCANET
Baillonius bailloni (Vieillot, 1819)
(Plate 18)

A common species in southeastern Brazil, it lives in the rainforests of the Serra do Mar coastal range, as well smaller, drier inland forest fragments, in addition to some croplands adjoining the forests. Found from Espirito Santo to Rio Grande do Sul, its distribution area extends westward to Missiones in Argentina and eastern Paraguay. A small and completely isolated population is also found in Pernambuco (Sick, 1979). It lives at sea level, as well as in mountains at altitudes of close to 2,000 m, such as the Serra da Mantiqueira range.

*The saffron toucanet is endowed with some characteristics that recall the **Andigena** genus, such as its coloring patterns, while its slatted tail also recalls the **Pteroglossus**, although there is no brown at the tips of the tail quills. However, its bill has a different shape and is more delicate than that of the **Pteroglossus**, while its lower wing coverts have a denser downy grey portion, endowing it with the status of a separate genus, due to this quite distinctive plumage. Some 40 cm long, it weighs 140 g to 170 g; the males and females are identical.*

*Living in the mid-forest strata in groups of three to eight individuals, it is frequently found in intermingled flocks that may include other ramphastid species such as the spot-billed toucanet (**Selenidera maculirostris**), the channel-billed toucan (**Ramphastos vitellinus ariel**), the red-breasted toucan (**Ramphastos dicolorus**), and birds belonging to other families such as the thrushes (Turdidae), the cotingas (Cotingidae), etc.*

*The call of the saffron toucanet is very frequent, recalling representatives of the **Pteroglossus** genus: "peeest...peeest...peeest...". More rarely it gives a long call that recalls a wood-rail (**Aramides**): "feh-eeh...feh-eeh...feh-eeh...", recorded by Gonzaga and Castiglioni (2001).*

*In the Serra do Mar range, it is found in larger numbers in regions close to the shoreline during April and May, feeding off the early-ripening bunches of nuts produced by the jucara palm (**Euterpe edulis**), with **Selenidera maculirostris** being its most frequent partner.*

It covers considerable tracts of open land in its search for fruit, and may be found in smaller forest fragments. This species seems to have a reasonable tolerance for anthropic alterations.

Prancha / Plate 18
ARAÇARI-BANANA / SAFFRON TOUCANET
Baillonius bailloni (Vieillot, 1819) – Página ao lado / *Page alongside*

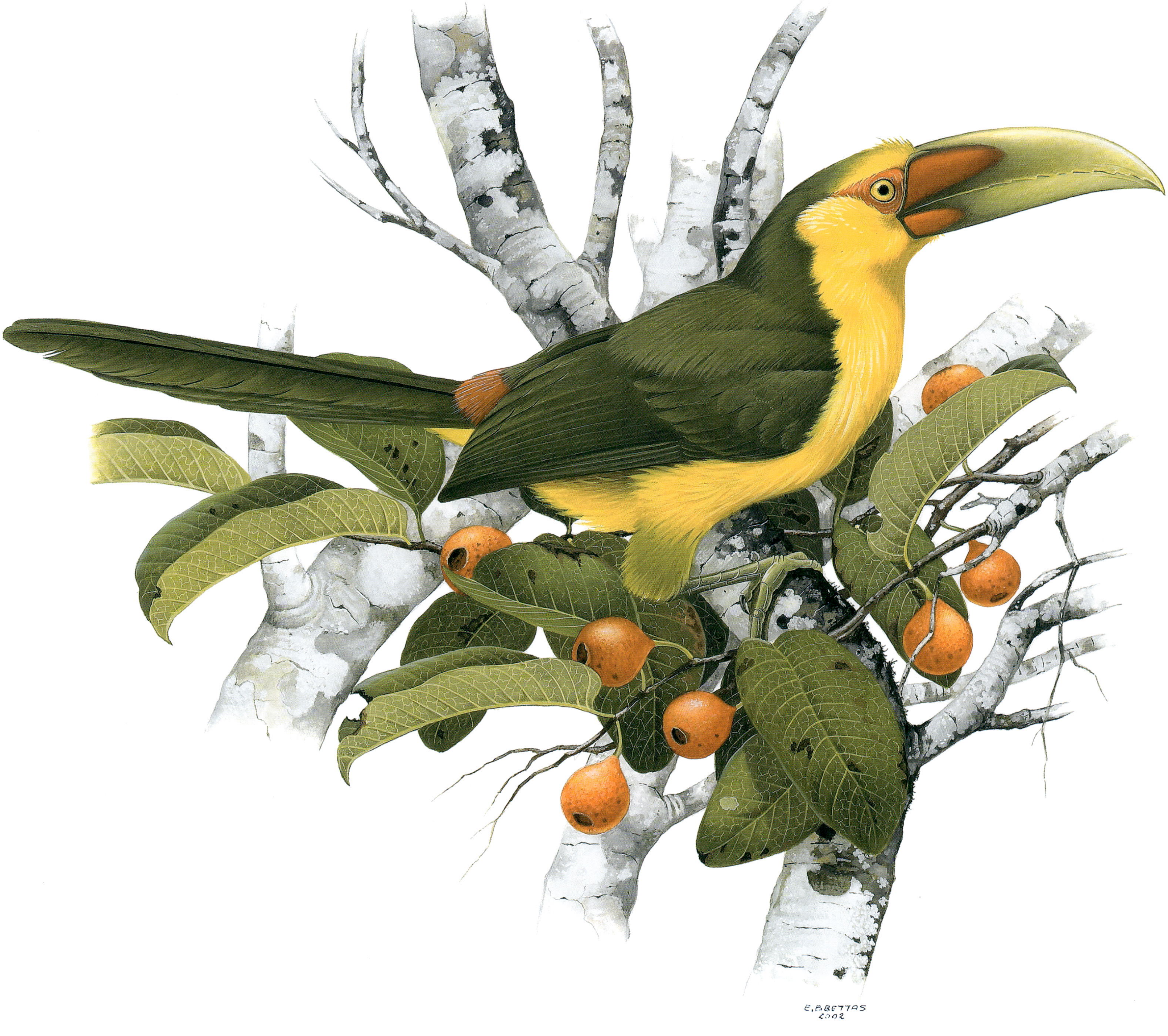

2002

ARAÇARI-VERDE
Pteroglossus viridis (Linnaeus, 1766)

(Prancha 19)

Espécie de pequeno porte sendo uma das menores da família. Seu dorso é de um verde brilhante que o distingue dos demais pelo menos na sua área de distribuição. As cores que exibe no bico e na face são de tamanha riqueza que faz lembrar um palhaço com a pintura exagerada; talvez lhe coubesse melhor o nome de araçari-palhaço. A fêmea difere pelo bico menor e pela plumagem marrom-castanho da cabeça e garganta.

Mede de 35 cm a 38 cm e pesa entre 120 g a 160 g. Ocorre no leste da Venezuela, Guianas e Brasil, na margem norte do rio Amazonas, a leste do rio Negro, até o Amapá.

Habita não somente as florestas como as matas secundárias e plantações, tanto às margens dos rios locais (várzeas úmidas) como nas matas de terra firme, desde o nível do mar até cerca de 800 m de altitude.

Sempre em casais ou pequenos grupos e não raro em bandos mistos maiores na companhia do araçaripoca-da-Guiana (*Selenidera piperivora*) e outras aves frugívoras. A vocalização, difícil de descrever, parece uma série de chamados "krrr-krrr-krrr-krrr-krrr" monótona, repetida numa freqüência muito rápida, cerca de dois por segundo. Apreciam os frutos da embaúba (*Cecropia sp*), e nas proximidades urbanas aparecem para comer o mamão e a banana.

Nidifica em cavidades de árvores geralmente em grandes alturas. Macho e fêmea se revezam na incubação; informações obtidas em cativeiro, indicam postura de dois a quatro ovos e 17 dias de incubação.

Essa espécie tem parentesco muito próximo com o araçari-letrado (*P. inscriptus*), diferindo deste principalmente pela coloração do bico. Outras diferenças existem na forma do bico e também na coloração da fêmea, na qual o alto da cabeça é castanho em *P. viridis,* e negro em *P. inscriptus*.

GREEN TOUCANET
Pteroglossus viridis (Linnaeus, 1766)

(Plate 19)

A diminutive species, this is in fact one of the smallest members of this family. Its bright green back distinguishes it from others, at least in its distribution area. The colors of its bill and face are so vivid that it looks like a clown wearing too much make-up; perhaps it could better be called the clown toucanet. The female has a smaller bill, with chestnut brown plumage on the head and throat.

Measuring 35 cm to 38 cm and weighing 120 g to 160 g, it is found in eastern Venezuela, the Guianas and Brazil, as well as along the north bank of the Amazon River, extending east of the Negro River as far as Amapá State.

It does not live only in rainforests, but also in secondary forests and plantations, along local river banks (floodlands), as well as in the uplands forests, from sea level up to an altitude of around 800 m.

*Always in pairs or small groups, and at times in larger mixed flocks, it keeps company with the Guianan Toucanet (**Selenidera piperivora**) and other fruit-eating birds. Hard to describe, its monotonous call is a very rapid sequence of chirps: "krrr-krrr-krrr-krrr-krrr", at around twice a second. It enjoys the nuts of the embauba palm (**Cecropia sp**), and appears on the outskirts of urban areas to gorge on papayas and bananas.*

Nesting in tree cavities, generally at great heights, males and females share incubation; information obtained from specimens kept in captivity indicate that two to four eggs are laid, with an incubation period of seventeen days.

*This species is closely related to the lettered aracari (**P. inscriptus**), differing mainly in bill coloring. Other differences include bill shapes and also the coloring of the female, with a brown crown in **P. viridis** and black in **P. inscriptus**.*

Prancha / Plate 19
ARAÇARI-VERDE / GREEN TOUCANET
Pteroglossus viridis (Linnaeus, 1766)
Página ao lado, macho acima / *Page alongside, male above*

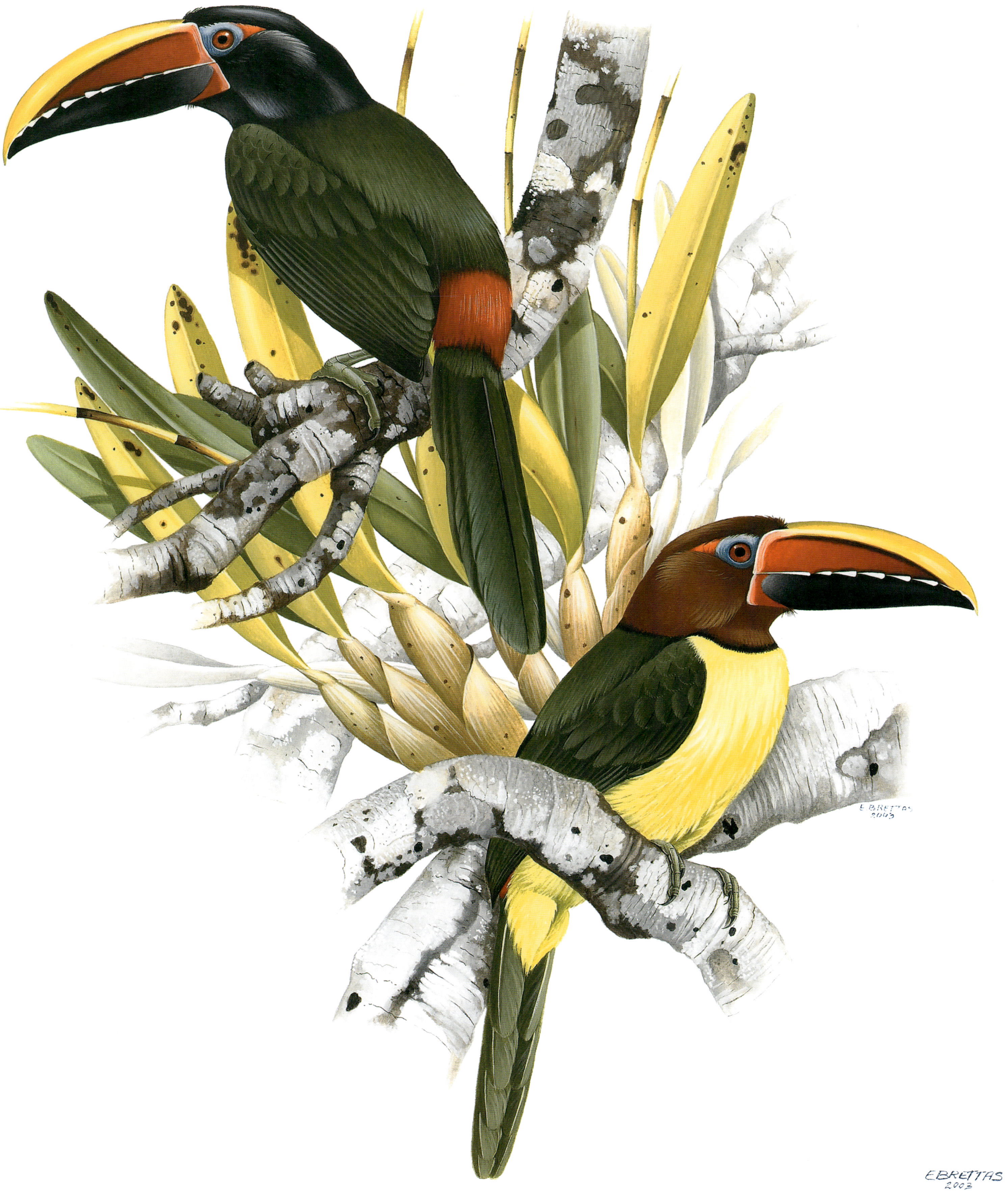
E.BRETTAS
2003

ARAÇARI-LETRADO
Pteroglossus inscriptus Swainson, 1822

(Pranchas 20 e 21)

Notável pela coloração do bico em que variados riscos pretos parecem desenhar letras e inscrições, responsáveis pela denominação vulgar e científica da espécie. Parece ser o menor representante da família dos ranfastídeos, pelo menos os exemplares da porção mais a leste de sua distribuição, ou seja, a forma típica **P. i. inscriptus** que é de menor tamanho, – medindo entre 33 cm a 37 cm e pesando de 100 g a 120 g. Os exemplares a oeste do rio Madeira (**P. inscriptus humboldti**) são de tamanho maior, medindo até 40 cm e pesando até 180 g. As fêmeas diferem dos machos pela plumagem da garganta que em vez de preta é marrom-castanho, conservando entretanto a cor negra no alto da cabeça.

O araçari-letrado é representado por duas subespécies bastante distintas: a raça nominal **P. i. inscriptus** (Swainson, 1822) e **P. inscriptus humboldti** (Wagler, 1827). A subespécie **humboldti** ocorre na Amazônia ocidental, desde o sul da Colômbia, leste do Equador, Peru, Bolívia e Brasil, nos estados do Amazonas (margens norte e sul do Solimões), Acre e extremo noroeste de Rondônia. O rio Madeira é o divisor. A forma nominal **P. i. inscriptus** ocorre a leste do rio Madeira e ao sul do Amazonas, pelos estados do Pará, Rondônia, Mato Grosso, Tocantins, Maranhão e parte do Piauí, nas margens do rio Parnaíba e também no oeste da Bolívia. Uma população disjunta habita próximo ao litoral de Pernambuco e Alagoas como uma testemunha de que em tempos não muito longínquos deveria haver uma união entre a mata Atlântica de Pernambuco com a Amazônia.

É uma espécie florestal, afastando-se eventualmente das matas em busca de fruteiras isoladas em descampados e pomares, sempre em pequenos grupos de três a dez indivíduos, freqüentando as mesmas fruteiras que o tucano-de-papo-branco (**Ramphastos tucanus**), o tucano-de-bico-preto (**Ramphastos vitelinus**), o araçari-minhoca (**Pteroglossus aracari**) e outras aves como o anambé-preto (**Querula purpurata**). Explora as ramagens das árvores nas quais forrageia, sempre à procura de frutos e eventualmente de algum inseto apetitoso. Sua vocalização é semelhante à de **P. viridis**, emitindo uma seqüência de chamados "krrr-krrr-krrr-krrr" na freqüência de dois ou três por segundo, lembrando o martim-pescador-grande (**Ceryle torquata**).

LETTERED ARACARI
Pteroglossus inscriptus Swainson, 1822

(Plates 20 and 21)

*Notable for its bill coloring, where a variety of black stripes look like letters and even writing, this gives the species its common and scientific names. Apparently the smallest representative of the ramphastid family, at least for the specimens found in the easternmost portion of its distribution area, the typical form P. i. inscriptus is tiny, measuring 33 cm to 37 cm, and weighing 100 g to 120 g. The specimens found west of the Madeira River (**P. inscriptus Humboldti**) are larger, measuring up to 40 cm and weighing up to 180 g. The females can be distinguished from the males by the throat plumage, which is chestnut brown rather than black, although their crowns are also black.*

*The two subspecies are quite different: **Pteroglossus inscriptus humboldti** (Wagler, 1827) is found in western Amazonia, ranging from southern Colombia, eastern Ecuador, Peru and Bolivia to Brazil, in Amazonas State (north and south banks of the Solimões River), extending through Acre State to the northwestern border of Rondônia State. The Madeira River forms the dividing line. The nominal form: **P. i. inscriptus** (Swainson, 1822) is found east of the Madeira River and south of the Amazon River in Amazonas, Pará, Rondônia, Mato Grosso, Tocantins and Maranhão States, extending into part of Piauí State on the banks of the Parnaíba River, as well as northwest Bolivia. An isolated population is found close to the coast in Pernambuco and Alagoas States, confirming that the Atlantic rainforests of Pernambuco were linked to the Amazon rainforest not so long ago.*

*This forest species may occasionally venture forth in search of the lone fruit-tree in cleared lands and orchards, always in small groups of three to ten individuals. It is found in the same trees as the white-throated toucan (**Ramphastos tucanus**), the channel-billed toucan (**Ramphastos vitellinus**) and the black-necked aracari (**Pteroglossus aracari**), together with other birds such as the purple-throated fruit-crow (**Querula purpurata**). It explores the branches of the trees where it forages, constantly seeking fruit, nuts, berries and an occasional tasty insect. Its call is similar to that of **P. viridis**, consisting of a sequence of chirps: "krrr-krrr-krrr-krrr" at a rate of two or three a second, recalling the ringed kingfisher (**Ceryle torquata**).*

Prancha / Plate 20
ARAÇARI-LETRADO / *LETTERED ARACARI*
Pteroglossus inscriptus inscriptus Swainson, 1822 – Página ao lado, fêmea acima / *Page alongside, female above*

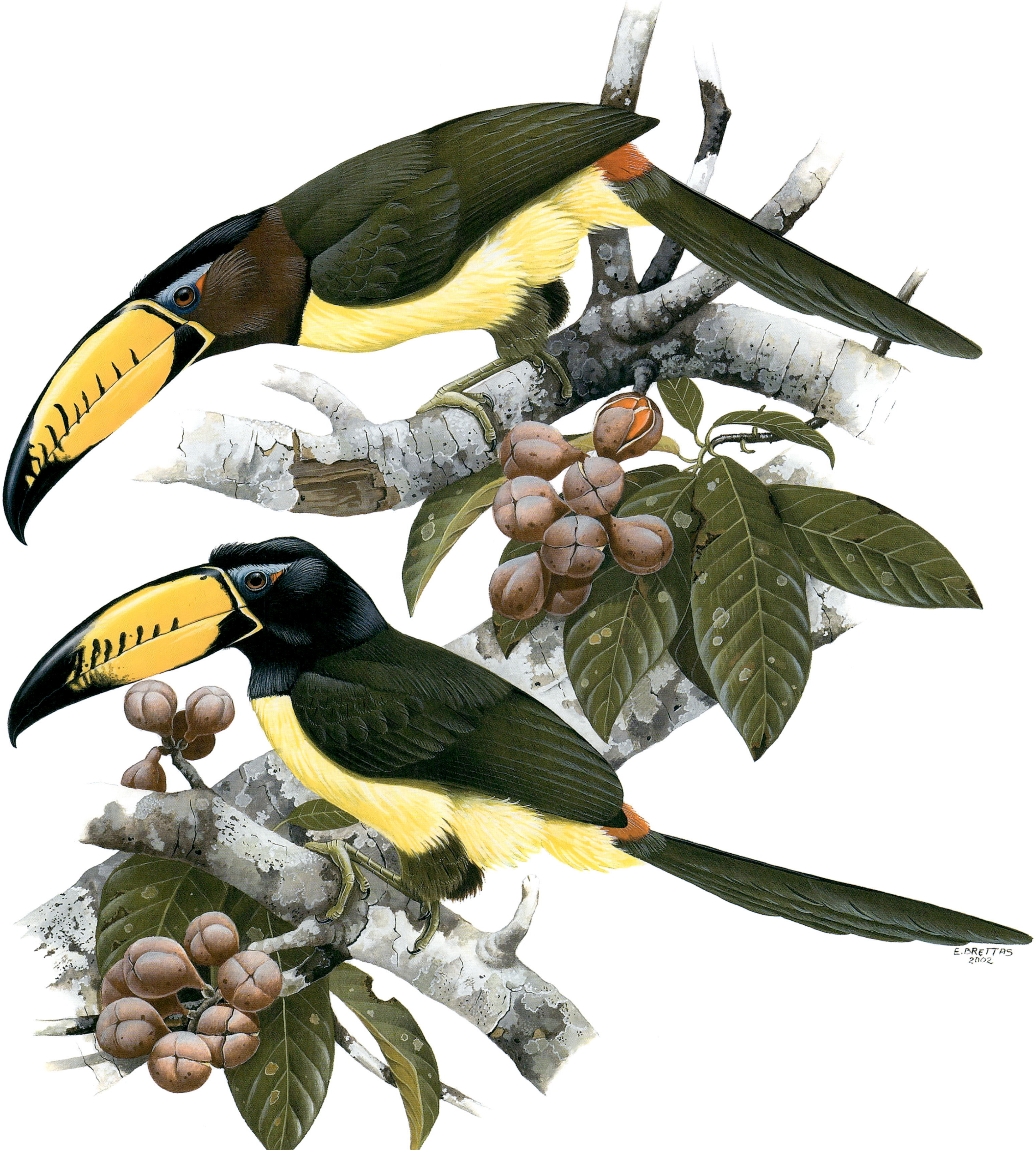
E.BRETTAS
2002

O rio Madeira, o primeiro grande afluente na margem direita do Amazonas, funciona como uma importante barreira geográfica para o araçari-letrado. Assim, as populações situadas à margem esquerda (oeste) deste rio pertencem à subespécie *P. i. humboldti (Prancha 21)* e diferem da forma típica (*P. i. incriptus*) distribuída a leste deste rio, pelo maior tamanho, pela coloração do bico que é todo preto na mandíbula, pela coloração das coxas com intenso marrom-castanho (mais verde na forma típica) e ainda no que se refere à coloração das fêmeas nas quais o castanho da garganta se alastra para a nuca podendo tomar toda a cabeça. Haffer (1974) relata a existência de exemplares intermediários próximos ao rio Madeira, o que corrobora com a idéia de que haja uma mesma espécie com duas subespécies, como são tratadas nesse presente trabalho.

Do ponto de vista evolutivo, esses pequenos araçaris representam um exemplo muito didático. Acredita-se que as duas formas: *P. i. inscriptus* e *P. i. humboldti* e a espécie anterior *P. viridis* sejam descendentes de uma espécie única, ancestral comum. O isolamento geográfico (e reprodutivo) por barreiras importantes, levou a forma ancestral a originar três formas atuais. *P. viridis* é isolado por barreiras mais consistentes (os rios Amazonas e Negro) sendo o mais distinto, não existindo exemplares intermediários (intergradação). Já o rio Madeira não representou uma barreira geográfica tão eficiente, permitindo eventuais trocas de material genético entre as populações de *P. inscriptus* das suas duas margens. Assim, apesar das importantes diferenças entre *P. i. humboldti* e a forma típica *P. i. inscriptus*, estas apresentam algumas intergradações nas populações das regiões intermediárias e, ao que parece, ainda não atingiram o *status* de espécies independentes.

Poucas são as informação sobre sobre os hábitos reprodutivos de **Pteroglossus inscriptus** e estas sugerem que seu comportamento seja muito similar aos de *P. viridis*.

---

*The first large tributary on the right bank of the Amazon River, the Madeira River, serves an important geographical barrier for the lettered aracari. The left (west) bank populations belong to **P. i. humboldti** subspecies (Plate 21) and are larger than the typical form (P. i. incriptus), with a mandible that is almost completely black and deep chestnut brown thighs (greener in the typical form) as well as the coloration of the females, whose chestnut throats extend as far as the nape and may even cover the entire head. Haffer (1974) reports the existence of intermediate specimens close to the Madeira River, confirming the idea that this is a single species with two subspecies, as presented in this study.*

*From the evolutionary standpoint, these small aracari are highly illustrative. It is believed that both these forms (**P. i. inscriptus** and **P. i. humboldti**) and the previous **P. viridis** all descend from a single common ancestral species. Geographical (and reproductive) isolation imposed by largely insurmountable barriers prompted the ancestral form to develop into the three current forms. P. viridis is isolated by more daunting barriers (the Amazon and Negro Rivers) and is the most distinctive, with no intermediate specimens (intergradation). The Madeira River is not such an efficient geographical barrier, allowing occasional exchanges of genetic materials between the populations of **P. inscriptus** on its two banks. Consequently, despite important differences between **P. i. Humboldti** and the typical form of **P. i. inscriptus**, they present some intergradations in the populations found in intermediate regions, and do not yet seem to have attained the status of independent species.*

*Little information is available on the reproductive habits of **Pteroglossus inscriptus**, and the data that is available suggests that its behavior is very similar to that of P. viridis.*

Prancha / Plate 21
ARAÇARI-LETRADO / LETTERED ARAÇARI
Pteroglossus inscriptus humboldti Wagler, 1827 – Página ao lado, macho acima / *Page alongside, male above*

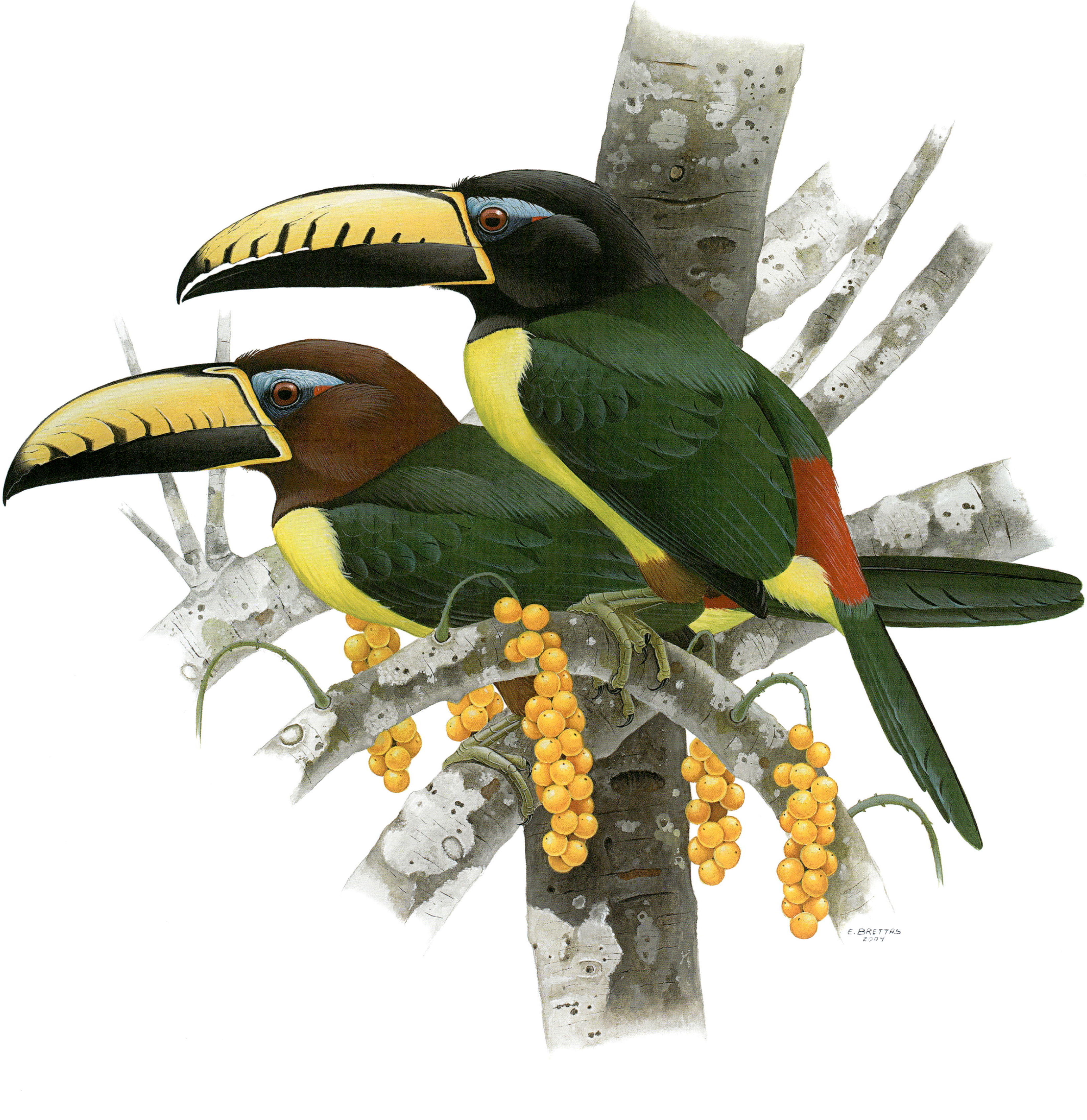
E. BRETTAS
2004

ARAÇARI-DE-NUCA-VERMELHA
Pteroglossus bitorquatus Vigors, 1826
(Prancha 22)

Apesar do pequeno porte, o araçari-de-nuca-vermelha é uma das espécies mais coloridas. Mede de 36 cm a 38 cm e pesa cerca de 150 g. Destaca-se dos demais, pelo extenso vermelho sangüíneo do peito e da nuca. Machos e fêmeas são praticamente iguais, existindo um pouco mais de tonalidade marrom na cabeça das fêmeas. Notável nesta espécie é a íris ser escurecida na frente a atrás da pupila, similar ao que ocorre em algumas espécies do gênero **Selenidera**.

É uma espécie florestal, freqüentando também áreas abertas e parcialmente desmatadas, quase sempre em bandos de vários indivíduos no estrato médio das árvores. Sua vocalização, difícil de descrever consta de uma seqüência de chamados dissilábicos "kru-aá-kru-aá-kru-aá…" na freqüência aproximada de um por minuto e entre esses existem uns piados parecendo dizer "píst…píst…" que se assemelham a um som comum a várias outras espécies de araçaris.

A espécie ocorre ao sul do rio Amazonas, desde o litoral do Maranhão, para oeste até a margem direita do rio Madeira, estendendo-se pelo norte do Mato Grosso e adjacências da Bolívia.

Em sua grande área de distribuição, é dividido em três subespécies ou raças geográficas; assim, a forma típica ***P. b. bitorquatus*** (Vigors, 1826), na qual a mandíbula é branca na metade basal e negra na metade apical, ocorre do litoral do Maranhão até o rio Xingu (em ambas as margens). Da margem esquerda (oeste) do rio Tapajós até a direita do rio Madeira, ocorre o ***P. b. sturmii*** (Natterer, 1842) no qual a mandíbula é negra com o ápice amarelo. Na região intermediária, junto da margem direita (leste) do Tapajós, ocorre o ***P. b. reichenowi*** (Snethlage, 1907) similar a ***P. b. bitorquatus***, com nítidas características intermediárias e com a faixa amarela no peito muito estreita, quase ausente. Nesta espécie, o rio Tapajós é a maior barreira geográfica. Existe também diferença na coloração da íris que é amarelo-vivo nas formas do extremo leste (***P. b. bitorquatus***), tendendo ao marrom-castanho nas formas do extremo oeste (***P. b. sturmii***).

O araçari-de-nuca-vermelha é relativamente abundante em quase toda sua distribuição; a forma típica ***P. b. bitorquatus*** vem se tornando progressivamente mais rara em virtude de perseguição de traficantes de animais e destruição de seu hábitat.

RED-NECKED ARACARI
Pteroglossus bitorquatus Vigors, 1826
(Plate 22)

*Despite its small size, the red-necked-aracari is among the most colorful species. Measuring 36 cm to 38 cm, it weighs around 150 g. Standing out from the others with their blood-red chests and necks, the males and females are almost identical, with the females having slightly browner heads. Particularly noteworthy in this species is its iris, which is darker in front and behind the pupil, similar to some species belonging to the **Selenidera** genus.*

This forest species also frequents open and partially cleared areas, almost always in small flocks in the mid-stratum of the trees. Its call is hard to describe, consisting of a sequence of disyllabic chirps "krua-ha – krua-ha…" uttered about once a minute, interspersed with a few cheeps: peest ….peest" that are similar to sounds made by several other aracari species.

This species is found in the south of the Amazon River, from the Maranhão State coastline westward to the right bank of the Madeira River, extending through northern Mato Grosso State to the Bolivian border.

*Within this large distribution area, it is divided into three subspecies or geographic races: the typical form of **P. b. bitorquatus** (Vigors, 1826), with a mandible that is white at the base and black at the tip, is found from the Maranhão State coast as far as the both banks of the Xingu River. From the left (west) bank of the Tapajós River to the right bank of the Madeira River, **P. b. sturmii** Natterer, 1842 is found, whose mandible is black with a yellow tip. In the intermediate region, close to the right (east) bank of the Tapajós River, **P. b. reichenowi** (Snethlage, 1907) is found, similar to **P. b. bitorquatus**, with clear intermediate characteristics and a yellow chest stripe that is very narrow, almost non-existent. In this species the Tapajós River is the main geographical barrier. There is also a difference in the iris coloring, which is bright yellow in the forms living in the easternmost region (**P. b. bitorquatus**), becoming chestnut brown in forms living in the westernmost portion (**P. b. sturmii**).*

*Although the red-necked-aracari is relatively abundant throughout almost its entire distribution area, the typical **P. b. bitorquatus** is becoming steadily rarer, as it is much sought after by wildlife poachers and dealers, in parallel to the steady destruction of its natural habitat.*

Prancha / Plate 22
ARAÇARI-DE-NUCA-VERMELHA / *RED-NECKED ARACARI*
Pteroglossus bitorquatus bitorquatus Vigors, 1826 – Página ao lado, abaixo / *Page alongside, below*
Pteroglossus bitorquatus sturmii Natterer, 1842 – Página ao lado, acima / *Page alongside, above*

E. BRETTAZ
2002

ARAÇARI-BICO-DE-MARFIM
Pteroglossus azara (Vieillot, 1819)

(Pranchas 23 e 24)

Araçari de pequeno porte, notável pelo rico colorido e o bico relativamente mais longo. A distribuição de seu rico colorido lembra bastante a **Pteroglossus bitorquatus**, que pode ser considerada sua espécie irmã; Haffer (1974) considera ambas como pertencentes a uma mesma superespécie. Mede de 38 cm a 40 cm e pesa em torno de 130 g a 160 g.

A cor do bico lembra mesmo um marfim, sobre o qual aparecem desenhos de cor castanho-avermelhado como que delineando as serrilhas da maxila. O peculiar colorido confere ao bico um aspecto mais leve e esguio. As fêmeas são muito semelhantes aos machos, diferindo pelo bico um pouco menor e pelo castanho escuro no alto da cabeça (em vez de preto), da mesma forma que acontece em **P. bitorquatus**. A região da nuca e alto dorso que é vermelho-sangüíneo em **P. bitorquatus**, é substituída por um castanho avermelhado.

Esse araçari vive na porção oeste da Amazônia sendo separado de **P. bitorquatus** pelo rio Madeira, que mais uma vez aparece como uma importante barreira geográfica para os rafastídeos. Habita as florestas primárias e secundárias, inclusive plantações e pomares próximos de habitações, tanto nas terras firmes como nas matas de várzeas que são periodicamente inundadas; no extremo oeste de sua distribuição, já próximo dos Andes, chega a altitudes de até 1.000 metros.

Hábitos semelhantes a de outros araçaris, vivem em pequenos bandos, vocalizam enquanto forrageam nas folhagens; Short e Horne (2002) citam frutos de **Cecropia**, **Ficus**, **Ocotea**, **Pagainea**, além de insetos e outros artópodes em sua alimentação. Haffer (1974) define sua vocalização como um "cro-ák...cro-ák...cro-ák...", enquanto as gravações de Hardy et al (1996) apresentam chamados "fi-é...fi-é...fi-é...fi-é" ou "a-á...a-á...a-á...aá..." na mesma freqüência que **P. bitorquatus** ; existe também um chamado que parece dizer "crís...crís...crís..."

IVORY-BILLED ARACARI
Pteroglossus azara (Vieillot, 1819)

(Plates 23 and 24)

*A small aracari that is notable for its rich coloring and relatively long bill, the distribution of its rich coloring is somewhat similar to **Pteroglossus bitorquatus**, of which it may be considered a sister species; Haffer (1974) considers them both as belonging to the same superspecies. Measuring 38 cm to 40 cm, it weighs around 130 g to 160 g.*

*The color of its bill really resembles ivory, with reddish-chestnut markings that seem to delineate the saw-tooth edges of the maxilla. This unusual coloring endows the bill with a lighter, slimmer appearance. Although very similar to the males, the females have a slightly smaller bill, and are dark-brown on the crown of the head (instead of black) similar to **P. bitorquatus**. The neck and upper back region – which is blood-red in **P. bitorquatus** – is replaced by a reddish-brown.*

*This aracari lives in western Amazonia, separated from **P. bitorquatus** by the Madeira River, which once again serves as an important geographical barrier for the ramphastids. It lives in primary and secondary forests, as well as plantations and orchards near human settlements and in upland and floodland forests; in the westernmost portion of its distribution area, close to the Andes, it reaches altitudes of up to 1,000 m.*

*Its habits are similar to those of other aracaris, living in small flocks and shrieking while foraging through the foliage; Short & Horne (2002) mention the nuts and fruits of **Cecropia**, **Ficus**, **Ocotea** and **Pagainea**, in addition to insects and other arthopods in their diet. Haffer (1974) defines its call as a "cro-ahk...cro-ahk...cro-ahk..." while the recording made by Hardy et al. (1996) present calls of "fee-eh...fee-eh...fee-eh...fee-eh" or "a-aah...a-aah...a-aah...a-aah...", uttered with the same frequency as **P. bitorquatus**; there is also a call that sounds like "crees...crees...crees..."*

Prancha / Plate 23
ARAÇARI-BICO-DE-MARFIM / *IVORY-BILLED ARACARI*
Pteroglossus azara azara (Vieillot, 1819) – Página ao lado / *Page alongside*

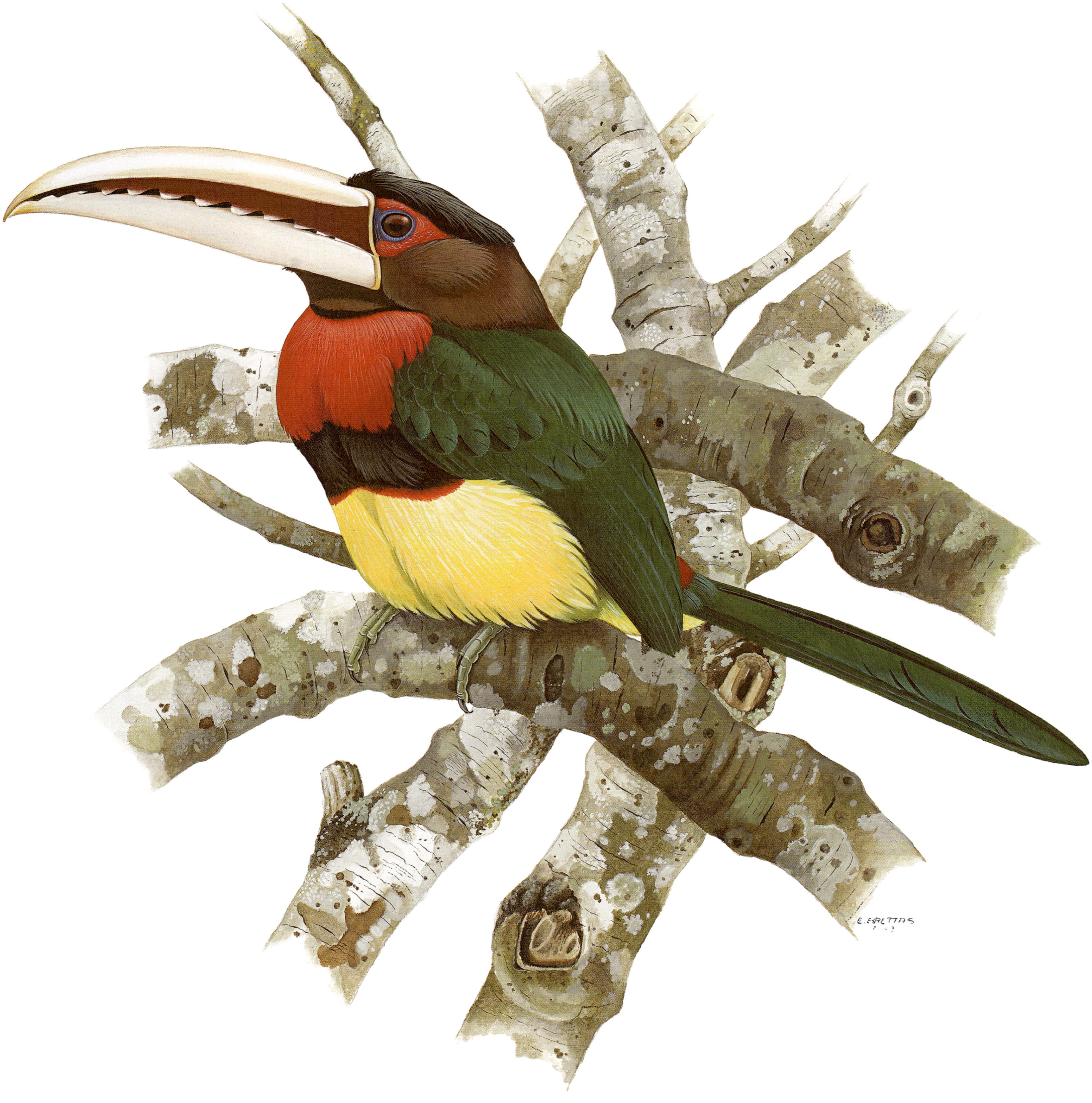

Três subespécies de **Pteroglossus azara** são reconhecidas por se diferenciarem quase exclusivamente pela coloração do bico e região perioftálmica (face).

A forma típica ***P. a. azara*** (Vieillot, 1819) vive a oeste do rio Negro e ao norte do rio Solimões, exclusivamente no Estado do Amazonas, Brasil, e apresenta a maxila com uma larga faixa vermelho-escuro sobre as serrilhas.

P. a. flavirostris (Fraser, 1841) habita o alto rio Negro até parte da Venezuela, Colômbia e Equador, chegando até o rio Solimões, em todo o noroeste do Amazonas, Brasil, ficando ao norte e a oeste da distribuição de ***P. a. azara***; apresenta o bico todo marfim, apenas com as serrilhas escurecidas causando um bonito contraste. A barreira que separa as subespécies ***azara*** e ***flavirostris*** é mal definida e, certamente, deve existir uma grande intergradação entre ambas.

P. a. mariae (Gould, 1854) é encontrada na margem sul do rio Solimões desde o oeste do Peru, norte da Bolívia e, no Brasil, nos Estados do Acre e Amazonas até o rio Madeira; apresenta a mandíbula quase toda marrom-avermelhada.

Um único exemplar com plumagem intermediária entre *P. azara* e *P. bitorquatus* foi descrito por Gyldenstolpe (1941) com o nome de ***Pteroglossus ollalae***. O autor se refere a ela como procedente do rio Juruá (João Pessoa, Amazonas). Na opinião de Zimmer (1943), *P. ollalae* é realmente um híbrido ou intermediário entre *P. bitorquatus sturmi* e *P. azara mariae*, opinião esta que o próprio Gyldestolpe (1945) concordou. Portanto, a localidade de ocorrência do *P. ollalae* deve ter sido um engano e deve ser corrigida para próximo ao rio Madeira (onde ambas as espécie se encontram) e tal espécie deve ser considerada um híbrido natural ou uma intergradação ainda não bem definida entre essas duas espécies.

---

*Three subspecies of **Pteroglossus azara** are recognized, differing almost exclusively through the bill coloring and the periophthalmic region (face).*

*The typical **P. a. azara** form (Vieillot, 1819) lives west of the Negro River and north of the Solimões River, exclusively in Amazonas State, Brazil. Its maxilla has a broad dark-red stripe along its saw-tooth edge.*

*Living along the upper Negro River as far as part of Venezuela, Colombia and Ecuador, **P. a. flavirostris** (Fraser, 1841) extends as far as the Solimões River, throughout all northwestern Amazonas State, located to the north and west of the **P. a. azara** distribution. Its beak is all ivory-colored, with the darker saw-tooth edge forming an attractive contrast. The barrier separating the **azara** and **flavirostris** subspecies is poorly defined, and there should certainly be ample intergradation between them.*

*Living on the south bank of the Solimões River, extending through to western Peru, northern Bolivia and Acre and Amazonas States in Brazil as far as the Madeira River, the mandible of **P. a. mariae** (Gould, 1854) is almost completely reddish-brown.*

*The only specimen with intermediate plumage between **P. azara** and **P. bitorquatus** was described by Gyldenstolpe (1941) under the name of **Pteroglossus ollallae**; the author mentions it as coming from the Juruá River (João Pessoa, Amazonas State). In the opinion of Zimmer (1943), P. ollallae is really a hybrid or intermediate between **P. bitorquatus sturmi** and **P. azara mariae**, with Gyldestolpe (1945) himself agreeing with this opinion. However, the location mentioned for P. ollallae was probably a mistake, and should be corrected to close to the Madeira River (where both species are found), and this species should be considered as a natural hybrid or an intergradation between these two species that has not yet been well defined.*

Prancha / Plate 24
ARAÇARI-BICO-DE-MARFIM / *IVORY-BILLED ARACARI*
Pteroglossus azara flavirostris Frazer, 1841 – Página ao lado / *Page alongside*

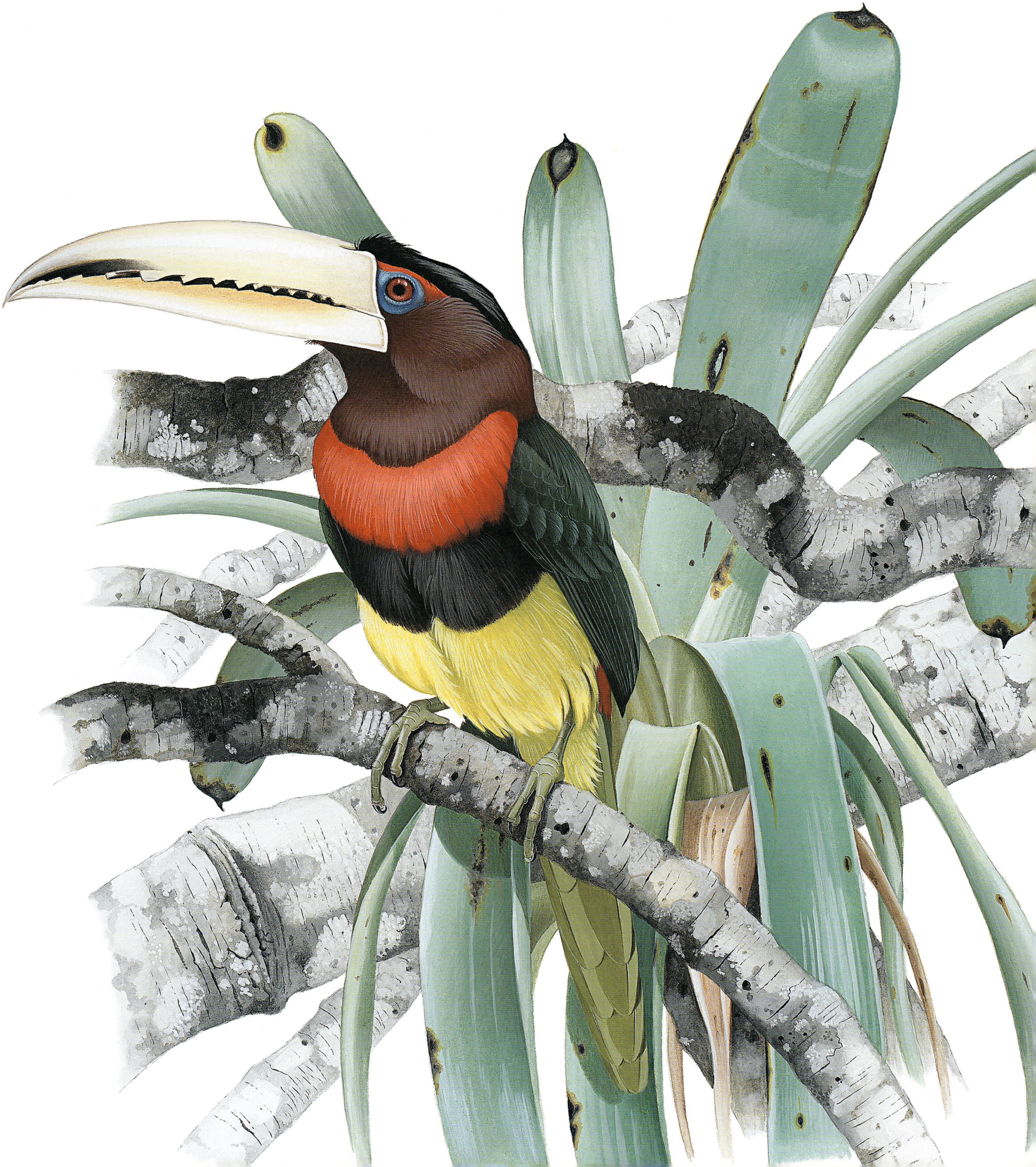

ARAÇARI-MINHOCA
Pteroglossus aracari (Linnaeus, 1758)
(Prancha 25)

É um araçari grande, medindo cerca de 47 cm e pesando em média de 230 g a 250 g. O bico ostenta uma cor branco-marfim em quase toda a maxila, distinguindo-a da mandíbula negra. Não apresenta dimorfismo sexual, ou seja, machos e fêmeas são iguais. No Brasil, é um dos araçaris mais conhecidos, possuindo diversos nomes populares como araçari-minhoca, araçari-culico etc.

Habita as matas, tanto das várzeas próximas do litoral como em montanhas até 1.000 metros de altitude como no Espírito Santo (Sick, 1997); às vezes, em grandes bandos de oito a dez indivíduos. É muito barulhento, vocalizando bastante, proporcionando verdadeira algazarra por onde passa. Alimenta-se de frutos de açaí e palmiteiro (**Euterpes**), becuíba (**Virola**), embaúba (**Cecropia**), figueira (**Ficus**), sementes, insetos, aranhas e outros artrópodes. Em cativeiro, aceita ração de cachorro e filhotes de ratos.

Ocorre desde o leste da Venezuela, Guianas e Brasil, no Amapá, Pará, Maranhão, estendendo-se para oeste até o Tocantins e o leste do Mato Grosso; pelo litoral, ocorre desde Pernambuco para o sul, até Santa Catarina, incluindo o leste de Minas Gerais. Sua distribuição é disjunta, ocorrendo uma separação pela região da caatinga e cerrados das regiões Nordeste e Central do Brasil.

São três as subespécies de *P. aracari*. A população ao norte do rio Amazonas com o nome de *P. aracari atricollis* (P. S. L. Müller, 1776) é certamente a subespécie melhor delimitada, possuindo a faixa negra sobre o cúlmen mais larga e as coxas de cor marrom-castanho. Nas populações ao sul do Amazonas, a forma típica *P. aracari aracari* (Linnaeus, 1758), o cúlmen do bico tem uma faixa negra mais estreita e as coxas são de cor verde-oliva; essa população tem uma distribuição disjunta, não ocorrendo na maior parte do Nordeste. Do Espírito Santo e Minas Gerais para o sul, ocorre *P. a. wiedii* (Sturm, 1847), que se caracteriza principalmente pela coloração marrom-castanha na garganta e região auricular.

Essa espécie faz grandes movimentos migratórios em busca de frutificação de certas árvores, aparecendo e desaparecendo periodicamente de algumas regiões conforme observa-se no litoral norte de São Paulo.

BLACK-NECKED ARACARI
Pteroglossus aracari (Linnaeus, 1758)
(Plate 25)

This large aracari measures some 47 cm, with an average weight of 230 g to 250 g. Its beak is ivory-white along almost the entire maxilla, contrasting with the black mandible. It presents no sexual dimorphism, meaning that the males and females are identical. In Brazil, this is one of the best-known aracaris, with several common names, such as aracari-minhoca, aracari-culico, etc.

*It lives in the forests and the floodlands close to the coast as well as in mountains at altitudes of up to 1,000 m, as noted in Espírito Santo State (Sick, 1997), at times in large flocks of eight to ten individuals. A noisy bird, it shrieks constantly and causes a real uproar wherever it goes. It feeds on the nuts of the assai, jucara (**Euterpes**), ocuba (**Virola**) and embauba (**Cecropia**) palms, as well as the fruits of the fig-tree (**Ficus**), in addition to seeds, insects, spiders and other arthropods. Kept in captivity, it accepts dog-food, as well as young rats.*

Found in an area that ranges from eastern Venezuela and the Guianas to Amapá, Pará and Maranhão States in Brazil, it also extends westwards to Tocantins State and eastern Mato Grosso State. Along the coastline, it is found from Pernambuco State right down to Santa Catarina State in the south, including eastern Minas Gerais State. Its distribution is patchy, separated by the caatinga scrublands and cerrado savannas of Northeast and Central Brazil.

*There are three subspecies of **P. aracari**. The population north of the Amazon River, called **P. aracari atricollis** (P. S. L. Müller, 1776) is certainly the better-demarcated subspecies, with a black stripe along a border culmen and chestnut-brown sides. The populations living south of the Amazon River include the typical **P. aracari aracari** form (Linnaeus, 1758), with a narrower black stripe along the culmen and olive-green thighs; this population has a patchy distribution, and is not found over most of Northeast Brazil. From Espírito Santo and Minas Gerais States southwards, **P. a. wiedii** (Sturm, 1847) is found, characterized mainly by the chestnut-brown coloring of its throat and ear region.*

This species migrates over long distances, seeking certain trees as they bear fruit, appearing and vanishing regularly from some regions, as we noted on the northern coast of São Paulo State.

Prancha / Plate 25
ARAÇARI-MINHOCA / BLACK-NECKED ARACARI
Pteroglossus aracari aracari (Linnaeus, 1758) – Página ao lado, abaixo / *Page alongside, below*
Pteroglossus aracari atricollis (Müller, 1776) – Página ao lado, acima / *Page alongside, above*

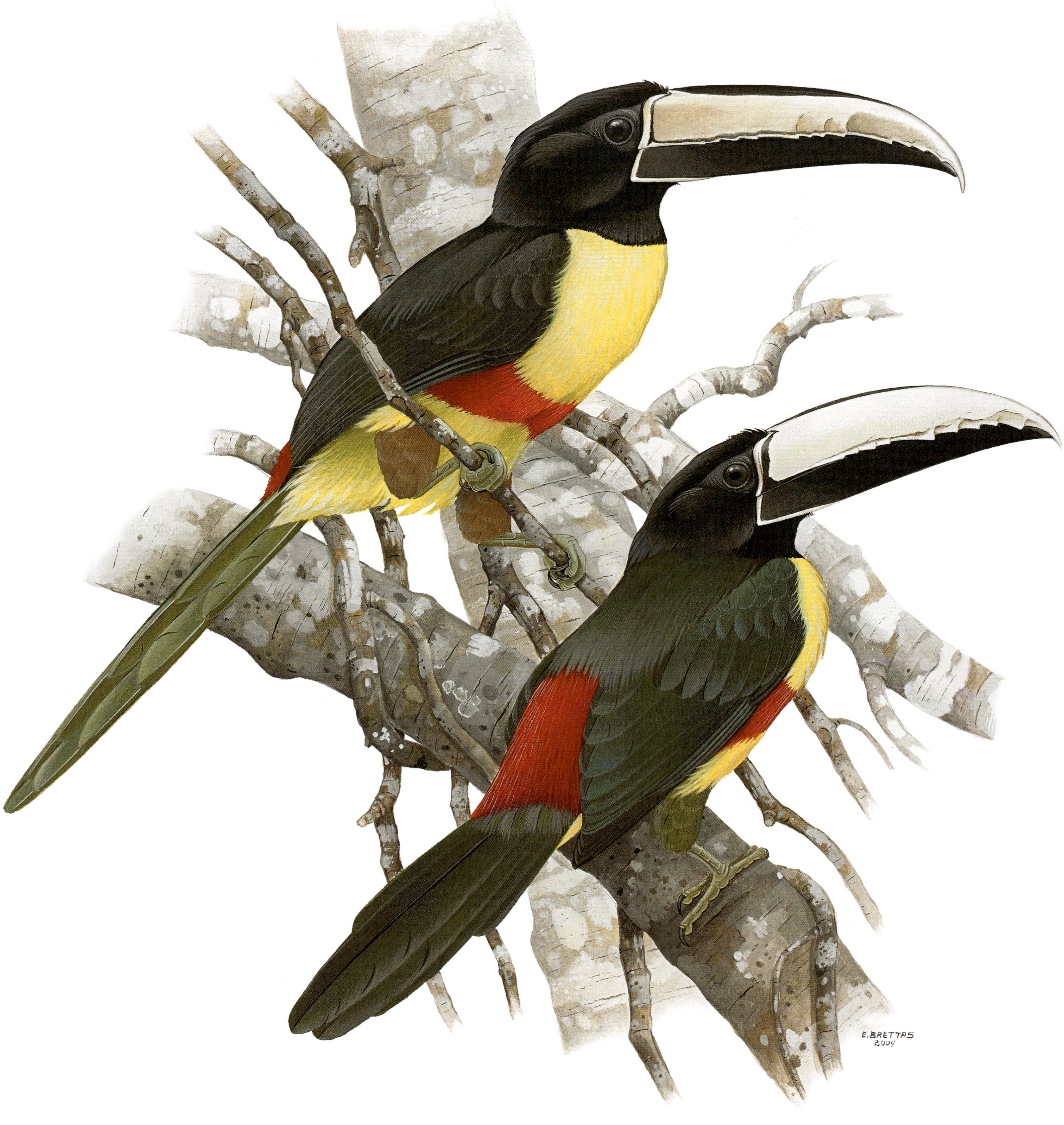
E. BRETTAS
2004

ARAÇARI-CASTANHO
Pteroglossus castanotis (Gould, 1834)
(Prancha 26)

Araçari de grande porte, parente muito próximo do araçari-de-bico-branco (***Pteroglossus aracari***), com o qual se assemelha também no porte. Mede de 43 cm a 47 cm, pesando 250 g a 300 g. Machos e fêmeas são praticamente iguais mas os machos são maiores, especialmente nas medidas do bico.

Ocorre na metade oeste do Brasil e países limítrofes, incluindo o sudeste da Colômbia, até o extremo norte da Argentina (Missiones). Parece manter uma distribuição alopátrica com o ***Pteroglossus aracari***, ou seja, regiões geograficamente separadas, porém as duas espécies se encontram em algumas localidades como no oeste de São Paulo, sul de Goiás e sudoeste do Pará, não apresentando nenhuma intergradação ou híbridos.

É uma espécie comum, habitando matas, capoeiras e cerrados, aproximando-se de pomares e locais habitados, à procura dos frutos da embaúba (***Cecropia***) e frutas cultivadas como a manga, mamão e banana. Em sua distribuição, habita terras planas e quase sempre em baixas altitudes, porém junto ao leste dos Andes da Colômbia e Peru atinge até os 1.300 metros (Short e Horne, 2002).

Em bandos, às vezes com mais de dez indivíduos, vasculham as copas das árvores e mantêm a união do grupo com chamados constantes "píst...píst..."... "slíp...slíp", que associados às grandes bulhas que produzem, formam um grupo bastante barulhento por onde passa.

Nidificam em cavidades de árvores, geralmente ninhos velhos de pica-paus ou papagaios e costumam melhorar tais cavidades ativamente com os bicos. Postura de dois a quatro ovos e machos e fêmeas participam da incubação e da criação dos filhotes.

Duas subespécies são reconhecidas. Nas populações ao noroeste do rio Madeira, incluindo Acre, todo o Estado do Amazonas até o leste da Colômbia (***P. c. castanotis*** Gould, 1834) predomina o preto na cabeça e garganta, com um castanho apenas nas bochechas. Ao sul (e leste) do rio Madeira até o norte da Argentina ocorre a forma ***P. c. australis*** (Cassin, 1867) que se caracteriza pelo intenso marrom-castanho na garganta, estendendo-se pelas laterais da cabeça e nuca. Na realidade, as diferenças entre as duas subespécies são muito discretas e inconstantes merecendo um reestudo.

CHESTNUT-EARED ARACARI
Pteroglossus castanotis (Gould, 1834)
(Plate 26)

*This large aracari is a close relative of the black-necked aracari (**Pteroglossus aracari**), which it resembles in size as well. Measuring 43 cm to 47 cm, it weighs 250 g to 300 g. Males and females are almost identical, although the males are larger, particularly their bills.*

*Found in the western half of Brazil and neighboring countries including southeast Colombia and northern Argentina (Missiones), its distribution seems to be allopatric with that of the **Pteroglossus aracari**, meaning in geographically separated regions, although these two species meet in some places, such as western São Paulo State, southern Goiás State and southwest Pará State, with no intergradation or hybrids.*

*This is a common species living in forests, capoeira scrublands and cerrado savannas, drawing close to orchards and human settlements in its search for the nuts of the embauba palm (**Cecropia**), as well as mango, papaya and banana plantations. Its distribution areas consist largely of plains, almost always at low altitudes, although they may reach 1,300 m east of the Andes in Colombia and Peru (Short & Horne, 2002).*

In flocks that may top ten individuals at times, they search through the forest canopy, keeping the group together with constant calls: "peest...peest..."..."sleeep...sleeep"; noisy and raucous, they form an unruly group wherever they go.

Nesting in tree cavities, generally the old nests of woodpeckers or parrots, they usually improve these holes by pecking at them with their beaks. Laying two to four eggs, the females and males share incubation and both participate in raising the hatchlings.

*Two subspecies are recognized. In the populations living northwest of the Madeira River, including Acre State, and the whole of Amazonas State as far as eastern Colombia (**P. c. castanotis** [Gould, 1834]), black predominates on the head and throat, with brown only on the cheeks. The lands south (and east) of the Madeira River as far as northern Argentina are home to **P. c. australis** (Cassin, 1867), characterized by a deep chestnut-brown throat that extends along the sides of the head and neck. In fact, the differences between the two subspecies are very discreet and poorly defined, warranting further study.*

Prancha / Plate 26
ARAÇARI-CASTANHO / *CHESTNUT-EARED ARACARI*
Pteroglossus castanotis australis Cassin, 1867 – Página ao lado / *Page alongside*

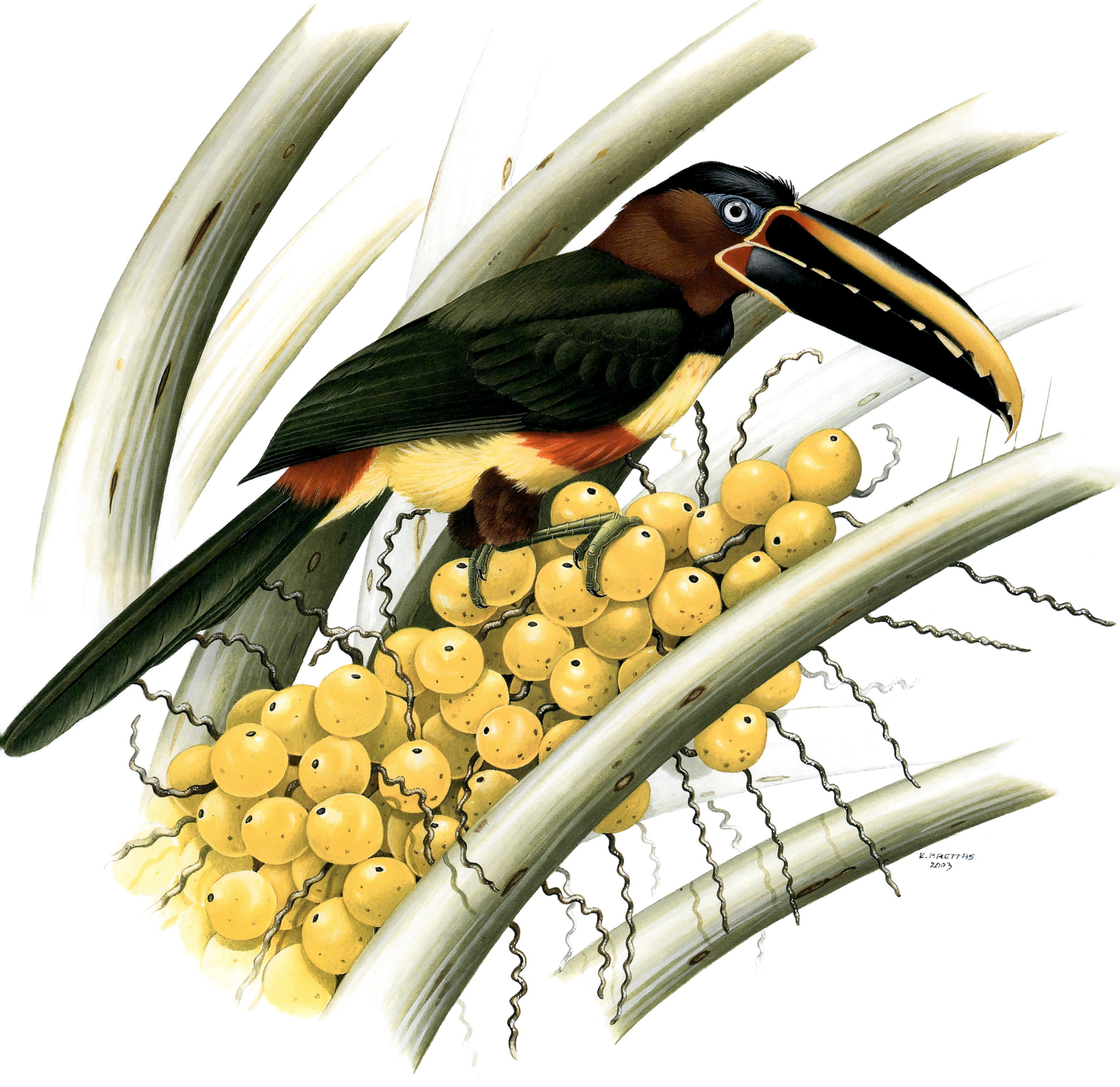
E. BRETTAS
2003

ARAÇARI-DE-CINTA-DUPLA
Pteroglossus pluricinctus Gould, 1836
(Prancha 27)

Pertence ao mesmo grupo do araçari-de-bico-branco (**P. aracari**), do araçari-castanho (**P. castanotis**) e também do araçari-coleira (**P. torquatus**) de distribuição mais setentrional. Essa bonita espécie caracteriza-se pelas faixas negras no peito e ventre, pelo bico bastante longo e pela mancha marrom sobre as "orelhas" mais conspícua nos machos. A coloração do bico lembra muito o araçari-de-bico-branco (**P. aracari**).

O porte é relativamente grande, similar ao das espécies anteriores, medindo de 44 cm a 46 cm e pesando entre 230 g a 300 g. Machos e fêmeas são praticamente iguais, sendo as fêmeas discretamente menores especialmente no bico.

É uma espécie florestal típica da alta Amazônia, ocorrendo no leste da Colômbia, sul da Venezuela, extremo nordeste do Peru e Brasil; apenas ao norte do rio Solimões e a oeste do rio Negro, nos Estados de Amazonas e Roraima. No oeste de sua distribuição é simpátrico com o araçari-castanho e no extremo norte (sul da Venezuela) encontra-se com o araçari-de-bico-branco (**P. aracari**) não apresentando intergradações ou híbridos.

Sua vocalização é um pouco diferente das espécies próximas, emitindo chamados que parecem dizer: "cu-lik..cu-lik...cu-lik..." e seus hábitos são bastante parecidos, vivendo em bandos às vezes numerosos e às vezes misturados a outras espécies.

Em seu ambiente convive com o tucano-de-peito-branco (**R. tucanus cuvieri**), o tucano-de-bico-preto (**R. vitellinus culminatus**), o araçari-bico-de-marfim (**Pteroglossus azara flavirostris**), o araçaripoca-de-Natterer (**Selenidera nattereri**) e, na porção sudoeste, convive também com o araçari-letrado (**P. inscriptus humboldti**), o araçari-castanho (**P. c. castanotis**) e o araçaripoca-de-Reinwardt (**S. reinwardtii**). A Amazônia ocidental possui grande diversidade da família **Ramphastidae**.

MANY-BANDED ARACARI
Pteroglossus pluricinctus Gould, 1836
(Plate 27)

*Belonging to the same group as the black-necked aracari (**P. aracari**), the chestnut-eared aracari (**P. castanotis**) and the collared aracari (**P. torquatus**), with a more northerly distribution, this attractive species is characterized by black stripes on the chest and stomach, as well as a fairly long beak and a brown patch on the "ears" which is more conspicuous in the males. The beak coloring is very similar to that of the black-necked aracari (**P. aracari**).*

Similar to the previous species, they are relatively large at 44 cm to 46 cm, weighing 230 g to 300 g. Males and females are almost identical, with the females slightly smaller, particularly the bill.

*This is a forest species typical of upper Amazonia, found in eastern Colombia, southern Venezuela and the far northeast of Peru. In Brazil it is found only north of the Solimões River and west of the Negro River, as well as in Amazonas and Roraima States. In the west, its distribution is sympatric with that of the red aracari while in the far north (southern Venezuela), it meets up with the black-necked aracari (**P. aracari**), presenting no intergradations or hybrids.*

Its call is slightly different from that of neighboring species, sounding like: "coo-lik...coo-lik...coo-lik..." and its habits are fairly similar, living in flocks that may be numerous, at times intermingled with other species.

*In its habitat, it lives together with the white-throated toucan (**R. tucanus cuvieri**), the channel-billed toucan (**R. vitellinus culminatus**), the ivory-billed aracari (**Pteroglossus azara flavirostris**) and the tawny-tufted toucanet (**Selenidera nattereri**), while in the southwest it lives with the lettered aracari (**P. inscriptus Humboldti**), the chestnut-eared aracari (**P. c. castanotis**) and the gold-collared toucanet (**S. reinwardtii**). Western Amazonia is home to a wide diversity of the Ramphastidae family.*

Prancha / Plate 27
ARAÇARI-DE-CINTA-DUPLA / *MANY-BANDED ARACARI*
Pteroglossus pluricinctus Gould, 1836 – Página ao lado / *Page alongside*

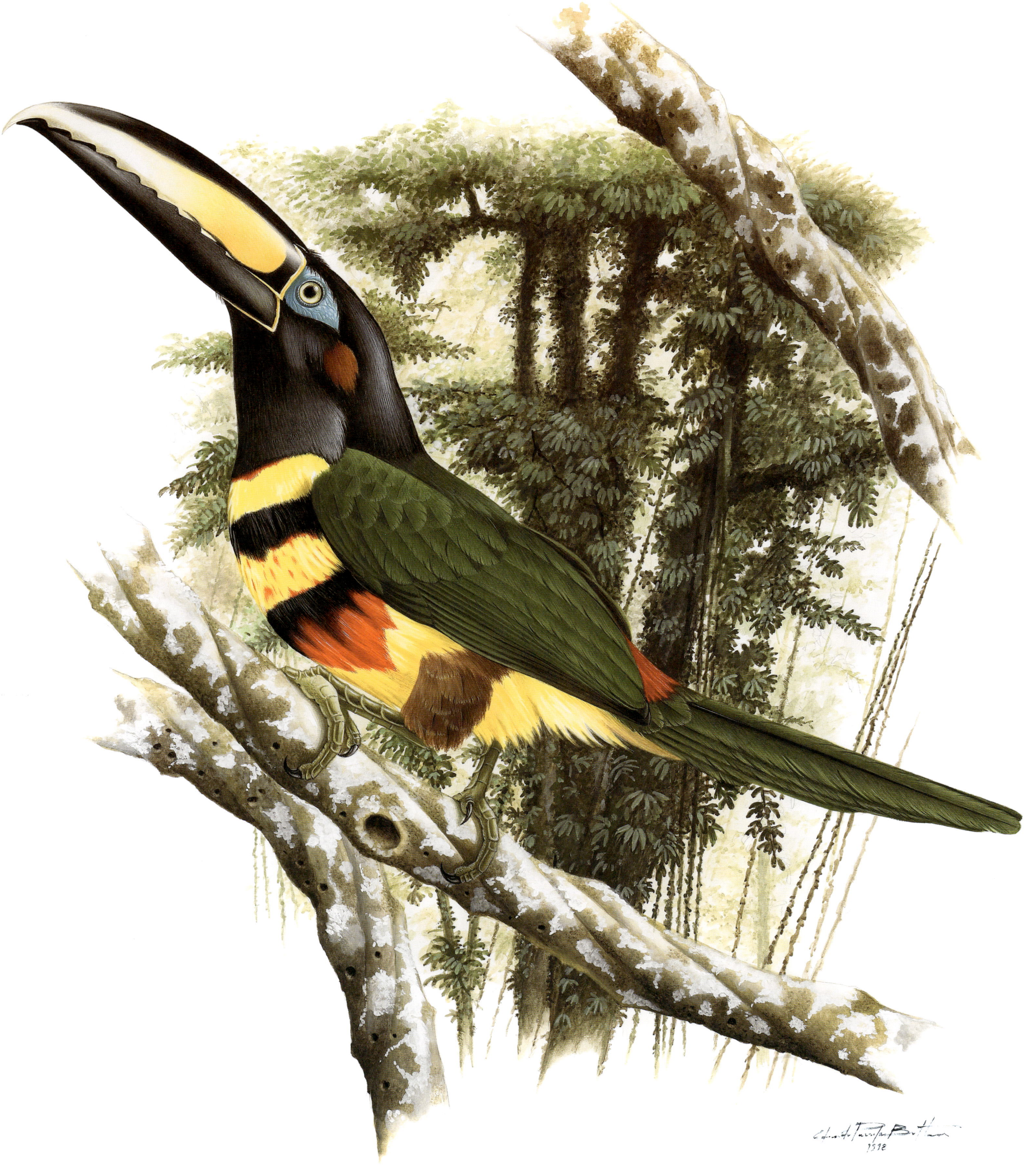

ARAÇARI-COLEIRA
Pteroglossus torquatus (Gmelin, 1788)

(Pranchas 28, 29 e 30)

É um araçari de grande porte que se distribui pela América Central e extremo norte da América do Sul. Pelo fato de habitar as florestas próximas do litoral, sua distribuição é bastante extensa e diversas populações disjuntas são diferenciadas, reconhecendo-se hoje pelo menos seis subespécies ou raças geográficas. Algumas subespécies são bastante distintas e algumas delas são consideradas por certos autores como espécies independentes. Mede de 43 cm a 48 cm e pesa de 150 g a 300 g.

Essa espécie é bastante próxima do araçari-de-cinta-dupla (***P. pluricinctus***), no qual no lugar da faixa negra transversal no peito, há apenas uma mácula preta como que assinalando o coração e ladeada com algumas penas vermelhas. Vive nas matas de planícies próximas do litoral, mas, também atinge as florestas de montanhas no máximo até os 1.800 m de altitude, de tal modo que os Andes nas porções mais ocidentais e setentrionais da Colômbia, formam barreiras divisoras das subespécies ***nuchalis*** e ***sanguineus***.

Hábitos comuns aos demais representantes da família, geralmente em bandos, às vezes, mistos com outras espécies de ranfastídeos ou outras aves. Alimenta-se de diversas espécies de frutos de palmáceas e outras como ***Virola***, ***Cecropia***, ***Ficus***; e ainda insetos, aranhas, pequenos lagartos e pássaros. Regurgitam as sementes dos frutos em outros locais comportando-se como importantes disseminadores de sementes.

Short e Horne (2002) descrevem o ninho de ***P. torquatus***, na Colômbia, em cavidades de árvores (geralmente ninhos antigos de pica-paus grandes como ***Campephilus***) numa altura de seis a trinta metros, uma cavidade de 16 cm x 12 cm e uma entrada com 7 cm de diâmetro. Postura de dois a cinco (geralmente três) ovos brancos e o tempo de incubação é de 16 dias. Os filhotes saem do ninho cerca de quarenta dias após e parecem retornar para dormir por um longo período, integrando um bando com os pais. Entre seus principais predadores estão os gaviões (***Spizaetus ornatus*** e ***Leucopternis albicollis***) e o falcão ***Micrastur semitorquatus*** e também o tucano-de-papo-amarelo (***Ramphastos ambiguus***)

COLLARED ARACARI
Pteroglossus torquatus (Gmelin, 1788)

(Plates 28, 29 and 30)

This is a large aracari whose distribution extends through Central America and northernmost South America. As it lives in forests close to the shoreline, its distribution is fairly extensive, with scattered populations being differentiated, with at least six subspecies or geographic races recognized today. Some subspecies are quite different, and certain authors consider them to be independent species. They measure 43 cm to 48 cm, weighing 150 g to 300 g.

*This species is fairly close to the many-banded aracari (**P. pluricinctus**), with a black patch instead of the black stripe across the chest, which seems to indicate the heart, rimmed with a few red feathers. Living in the coastal plain forests, it can also be found at altitudes of up to 1,800 m in the mountain forests, with the western and northern portions of the Andes in Colombia forming barriers that divide the **nuchalis** and **sanguineus** subspecies.*

*Its habits are similar to those of other representatives of this family, found generally in flocks intermingled with other ramphastid species or other birds. Feeding on many different types of palm nuts and other fruits and berries, such as **Virola**, **Cecropia** and **Ficus**, it also eats insects, spiders, small lizards and birds. By regurgitating the pips at other places, it serves as an important seed dissemination mechanism.*

*Short & Horne (2002) describe the nest of **P. torquatus** in Colombia, in tree cavities (generally the old nest of large woodpeckers such as **Campephilus**), set 6 m to 30 m above the ground, with the cavity measuring 16 cm x 12 cm and an entrance 7 cm wide. They lay two to five (generally three) white eggs, with an incubation period of sixteen days. The fledglings leave the nest some forty days later and seem to return to sleep for quite some time, forming a flock with the parents. Its main predators include hawks (**Spizaetus ornatus**, **Leucopternis albicollis**) and the **Micrastur semitorquatus** falcon, as well as the yellow-throated toucan (**Ramphastos ambiguus**).*

Prancha / Plate 28
ARAÇARI-COLEIRA / COLLARED ARACARI
Pteroglossus torquatus torquatus (Gmelin, 1788) – Página ao lado, fêmea acima / *Page alongside, female above*

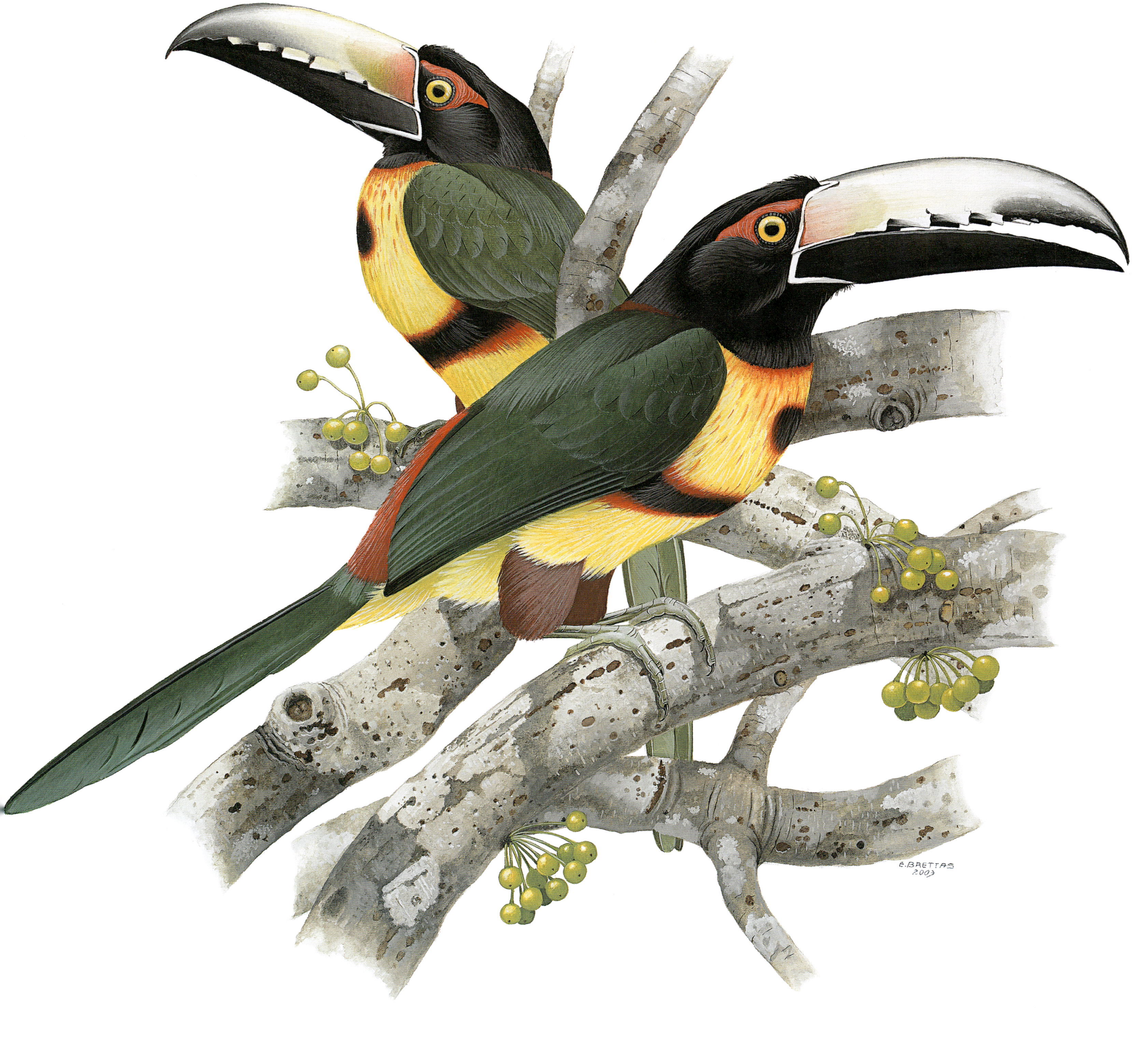
E.BRETTAS
2003

A forma típica ***P. t. torquatus*** (Gould, 1843) habita o centro e leste do México até o extremo noroeste da Colômbia e Venezuela. Caracteriza-se por um colar nucal de cor vermelho-castanho que lhe valeu o nome "***torquatus***" (=coleira). No sudeste do México, região de Chiapas, uma pequena variação de plumagem motivou a descrição de uma nova subespécie com o nome de ***P. t. speranzae***, hoje aceita pela maioria como sinônimo da forma típica.

P. t. erythrozonus (Ridgway, 1912) é menor que a forma típica e a cinta transversal na barriga é bastante tênue; a mancha preta no peito é discreta ou ausente. Habita a península de Yucatán (México), nordeste da Guatemala e Belize.

Na região costeira do extremo norte da Colômbia e Venezuela, voltada para o Caribe, habita ***P. t. nuchalis*** (Cabanis, 1862), que é um pouco mais pálida que a forma típica e possui a mancha preta no peito maior.

P. t. sanguineus (Gould, 1854) caracteriza-se pela falta do colar nucal castanho e pelo bico com uma longa faixa preta sobre as serrilhas; habita o extremo sul do Panamá, e litoral (Pacífico) da Colômbia e norte do Equador.

P. t. erythropygius (Gould 1843) ocorre no litoral sul do Equador e extremo norte do Peru (cidade de Tumbes), é semelhante à forma anterior, diferenciando-se pelo tamanho maior, atingindo até 310 g (Short e Horne, 2002), cauda relativamente mais curta e pela falta da faixa negra no cúlmen de seu bico. As formas ***sanguineus*** e ***erythropygius*** são semelhantes entre si e se destacam das demais pela falta de colar nucal e pela faixa preta no bico sobre as serrilhas.

---

*The typical form of **P. t. torquatus** (Gould, 1843) lives in central and eastern Mexico, extending to the far northwest of Colombia and Venezuela. It is characterized by a chestnut-red neck collar that gives it the name "**torquatus**" (collar). In the Chiapas region of southeastern Mexico, a small variation in plumage gave rise to the description of a new subspecies under the name of **P. t. speranzae**, which is generally accepted today as synonymous with the typical form.*

*Smaller than the typical form, **P. t. erythrozonus** (Ridgway, 1912) has a faint stripe running across its stomach; the black chest patch is discreet or absent. It lives in the Yucatan Peninsula (Mexico), northeast Guatemala and Belize.*

*The coastal region of northern Colombia and Venezuela, facing the Caribbean, is home to **P. t. nuchalis** (Cabanis, 1862), which is slightly paler than the typical form, with a larger black chest patch.*

***P. t. sanguineus** (Gould, 1854) is characterized by the absence of the brown neck collar and by a beak with a long black stripe along the saw-tooth edge; it lives in the far south of Panama and along the Pacific coast of Colombia and northern Ecuador.*

***P. t. erythropygius** (Gould, 1843) is found on the southern coast of Ecuador and the far north of Peru (near Tumbes). Similar to the previous form, it is slightly larger, reaching 310 g (Short & Horne, 2002), with a relatively shorter tail and no black stripe running along the culmen of its bill. The **sanguineus** and **erythropygius** forms are similar, standing out from the others due to the absence of the neck collar and the black stripe along the saw-tooth edge of the bill.*

Prancha / Plate 29
ARAÇARI-COLEIRA / COLLARED ARACARI
Pteroglossus torquatus erythopygius Gould, 1843 – Página ao lado / Page alongside

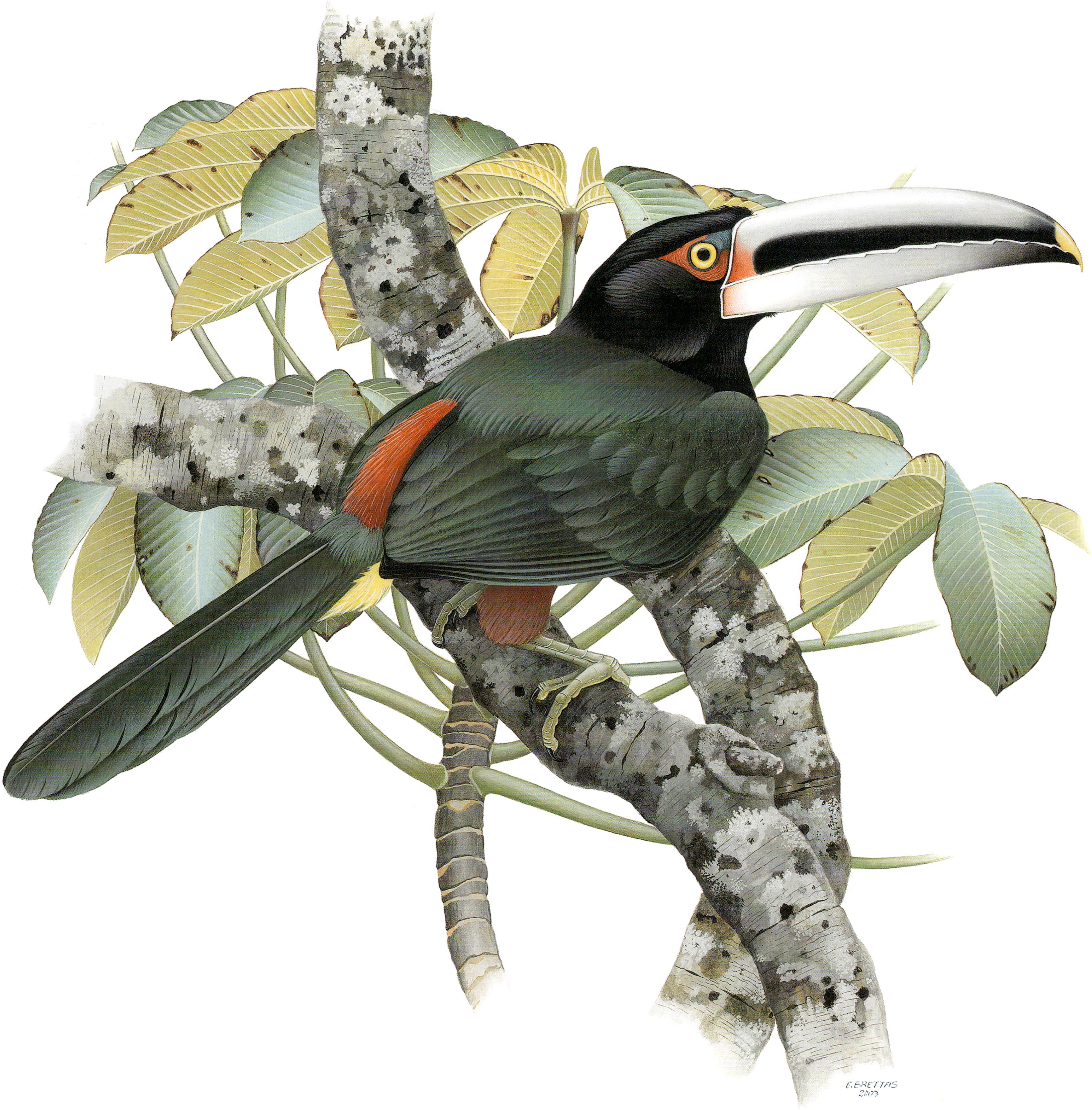
E.BRETTAS
2003

Pteroglossus torquatus frantzii (Cabanis, 1861) é notável pelo bico vermelho e freqüentemente considerado uma espécie à parte, com o nome de araçari-bico-de-fogo (Short e Horne, 2002), entretanto concordamos com a opinião de Haffer (1974), considerando ***frantzi*** apenas como subespécie de ***P. torquatus***. Seu tamanho está totalmente dentro das medidas e peso da forma típica. É uma espécie florestal com hábitos e vocalização muito semelhantes às demais formas de ***P. torquatus***, encontrada quase sempre em pequenos bandos. Distribui-se na costa oeste, voltada ao Pacífico, da Costa Rica e Panamá, chegando até a 1.800 m de altitude (Short e Horne, 2002). Boas populações existem protegidas em alguns parques e reservas biológicas, porém, a distribuição desta subespécie é bastante restrita, fazendo dela uma forma bastante vulnerável; sua distribuição parece não emendar com ***P. t. torquatus***, não existindo exemplares intermediários (híbridos), no entanto, diferencia-se da forma típica apenas pelo vermelho do bico e pela cinta abdominal que é vermelha (em vez de preta e vermelha).

São poucas as informações sobre os hábitos de reprodução de ***P. t. frantzi*** (Short e Horne, 2002) as quais parecem concordar com o descrito para ***P. torquatus*** em geral.

Como já comentamos anteriormente, esse é apenas mais um demonstrativo de como os ranfastídeos são excelentes exemplos dos mecanismos de evolução. São tantas as variações geográficas de várias espécies, que as intergradações lentas, às vezes, nos dificultam reconhecer diferentes espécies. A constatação dessa variação intra-específica é um testemunho do momento evolutivo dessas aves.

Pteroglossus torquatus frantzii *(Cabanis, 1861) is notable for its red beak, and is frequently considered as a separate species under the name of the fiery-billed aracari (Short & Horne, 2002); however we agree with the opinion of Haffer (1974), rating **frantzi** as merely a subspecies of **P. torquatus**. Its size falls well within the weights and measures of the typical form. This forest species has habits and calls that are very similar to those of the other **P. torquatus** forms, found almost always in small flocks. Its distribution extends along the west coast of Costa Rica and Panama, facing the Pacific, and reaching an altitude of up to 1,800 m. (Short & Horne, 2002). Good populations are protected in some biological reserves and parts, although the distribution of this subspecies is fairly limited, making it a rather vulnerable form. Its distribution does not seem to join up with that of **P. t. torquatus**, with no intermediate (hybrid) specimens, although differing from the typical form only through the red beak and red abdominal stripe (instead of black and red).*

*Little information is available on the breeding habits of **P. t. frantzi** (Short & Horne, 2002), which seems to agree with the description for **P. torquatus** in general.*

As already mentioned, this is yet another example of how the ramphastids offer an excellent illustration of the mechanisms of evolution. There are so many geographical variations of the various species that slow intergradations at times make it hard to recognize different species. An awareness of these intra-species variations bears witness to the burgeoning evolution of these birds.

Prancha / Plate 30
ARAÇARI-COLEIRA / COLLARED ARACARI
Pteroglossus torquatus frantzii Cabanis, 1861 – Página ao lado / *Page alongside*

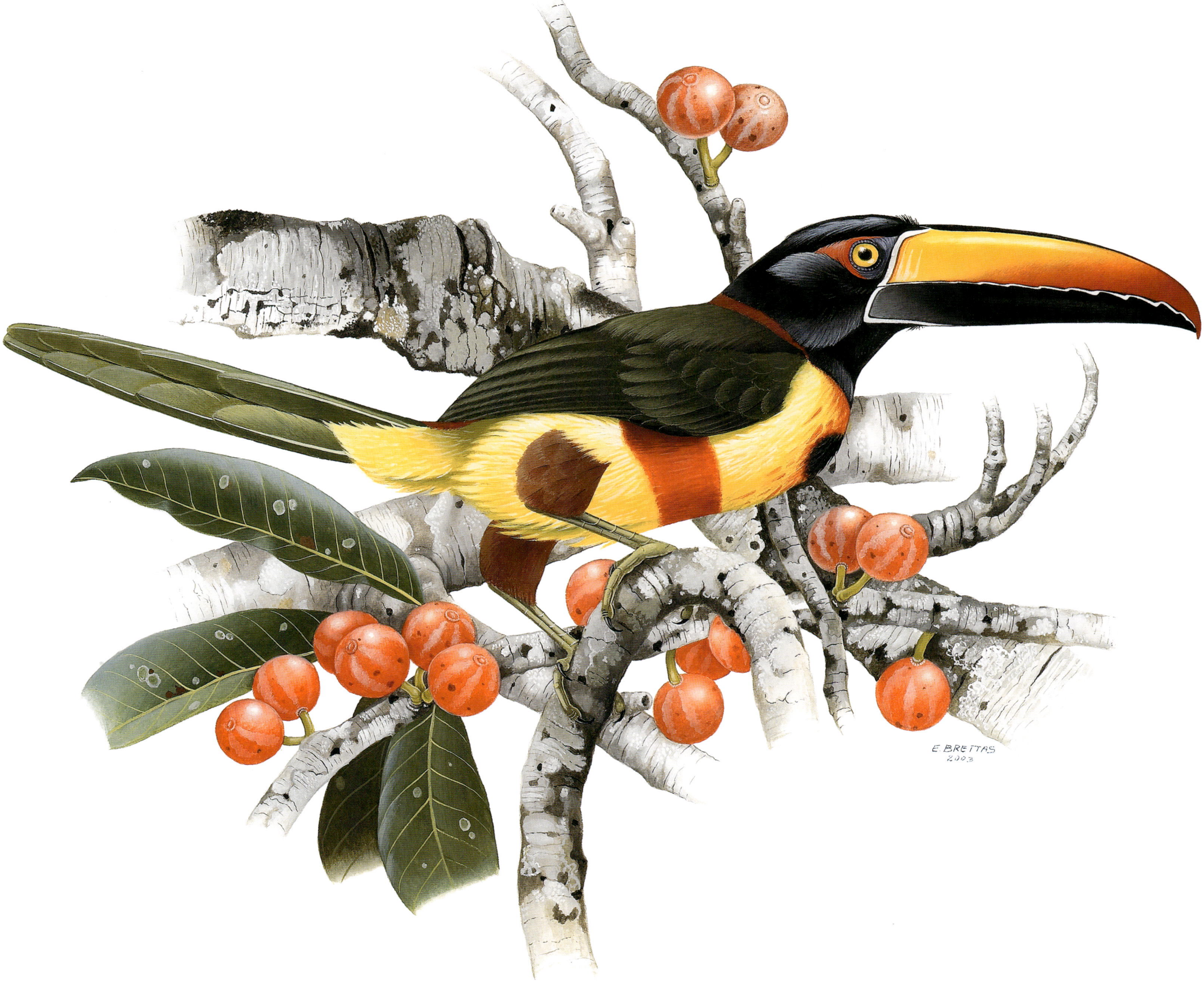
E. BRETTAS
2003

ARAÇARI-MULATO
Pteroglossus beauharnaesii Wagler, 1832
(Prancha 31)

Trata-se de uma forma um pouco aberrante de **Pteroglossus**, lembrando que essa espécie já foi tratada como pertencente a um gênero monotípico, chamando-se **Beauharnaisius beauharnaesii**. Difere de todos os demais representantes do gênero **Pteroglossus** pelas penas duras e arrepiadas do alto da cabeça, mais parecendo escamas, e pela coloração branca da garganta; no restante, as proporções e plumagem são típicas de **Pteroglossus**, sendo hoje quase por unanimidade tratado neste gênero.

Porte similar ao dos grandes **Pteroglossus**, medindo de 43 cm a 46 cm e pesando de 180 g a 280g, sendo as fêmeas menores, especialmente no comprimento do bico; os jovens são de coloração mais pálida. As penas no alto da cabeça são negras, brilhantes com as extremidades arredondadas e enroladas e cobertas com uma substância semelhante ao esmalte dentário (Brush, 1967).

Ocorre ao sul do rio Solimões, no oeste do Peru, norte e centro da Bolívia e no Brasil ao sul do Estado do Amazonas, Acre, Rondônia, norte do Mato Grosso até o alto rio Xingu.

É uma espécie florestal, fazendo rápidas excursões às bordas e clareiras, tanto em matas de várzeas, temporariamente inundadas como as de terra firme, chegando em seu limite oeste de distribuição até aos 800 m de altitude, próximo aos contrafortes dos Andes. Vive em grandes bandos; como descreveu o naturalista Bates (1979), nas proximidades da cidade de Tefé, Amazonas, em sua famosa viagem em 1848-1859, quando relatou que ao coletar um exemplar ainda vivo, muitos outros exemplares do bando o cercaram em intenso alarido como que se tentassem ajudar o "companheiro" ferido e recém-capturado. Aliás, esse comportamento é conhecido para quase todos os rafastídeos e muitas outras aves.

O araçari-mulato não é uma espécie rara ou ameaçada, porém pouco se sabe sobre seus hábitos que parecem ser similares aos demais araçaris, alimentando-se de frutas, sementes, insetos, aranhas e eventualmente de algum pequeno vetebrado. Sua vocalização é um pouco diferente da dos demais araçaris grandes do gênero **Pteroglossus**, conforme mostra Hardy *et al* (1996), fazendo um "raac...raac...raac...raac...", às vezes parecendo mais um papagaio.

CURL-CRESTED ARACARI
Pteroglossus beauharnaesii Wagler, 1832
(Plate 31)

*This is a somewhat aberrant form of **Pteroglossus**, recalling that this species was dealt with as belonging to a monotype genus called **Beauharnaisius beauharnaesii**. It differs from all other representatives of the **Pteroglossus** genus through the stiff, upright feathers on the top of its head that look more like scales, and the white coloring of its throat; the remainder of its proportions and plumage are typical of **Pteroglossus**, and it is today almost unanimously allocated to this genus.*

*Of a size similar to the large **Pteroglossus**, it is 43 cm to 46 cm long, weighing 180 g to 280 g, the females are smaller, particularly in terms of the bill length, and young specimens are paler. The feathers on top of the head are black and shiny with rounded ends, coiled and covered with a substance similar to tooth enamel (Brush, 1967).*

It is found south of the Solimões River, as well as in western Peru, northern and central Bolivia; and Brazil, in the south of Amazonas State, as well as Acre and Rondônia, and northern Mato Grosso State as far as the upper Xingu River.

This is a forest species making rapid excursions to its edges and clearings, found in briefly waterlogged floodland forests and drier upland forests, with its distribution rising to an altitude of 800 meters at its western boundary, close to the slopes of the Andes. It lives in large flocks, as described by Bates (1979) around the town of Tefé in Amazonas State. During his famous journey that lasted from 1848 to 1859, he described how, when he collected a living specimen, many other members of the flock surrounded the naturalist, screaming loudly as though attempting to help their newly-caught and injured companion. In fact, this behavior is common to almost all the ramphastids and many other birds.

*The curl-crested aracari is not a rare or endangered species, although little is known about its habits, which seem similar to those of the other aracaris, feeding on fruits, nuts, seeds, insects, spiders and the occasional small vertebrate. Its call is somewhat different from the other large aracaris belonging to the **Pteroglossus** genus, as shown by Hardy et al. (1996), making a: "raahk...raahk...raahk...raahk..." sound that at times seems more like a parrot.*

Prancha / Plate 31
ARAÇARI-MULATO / *CURL-CRESTED ARACARI*
Pteroglossus beauharnaesii Wagler, 1832 – Página ao lado / *Page alongside*

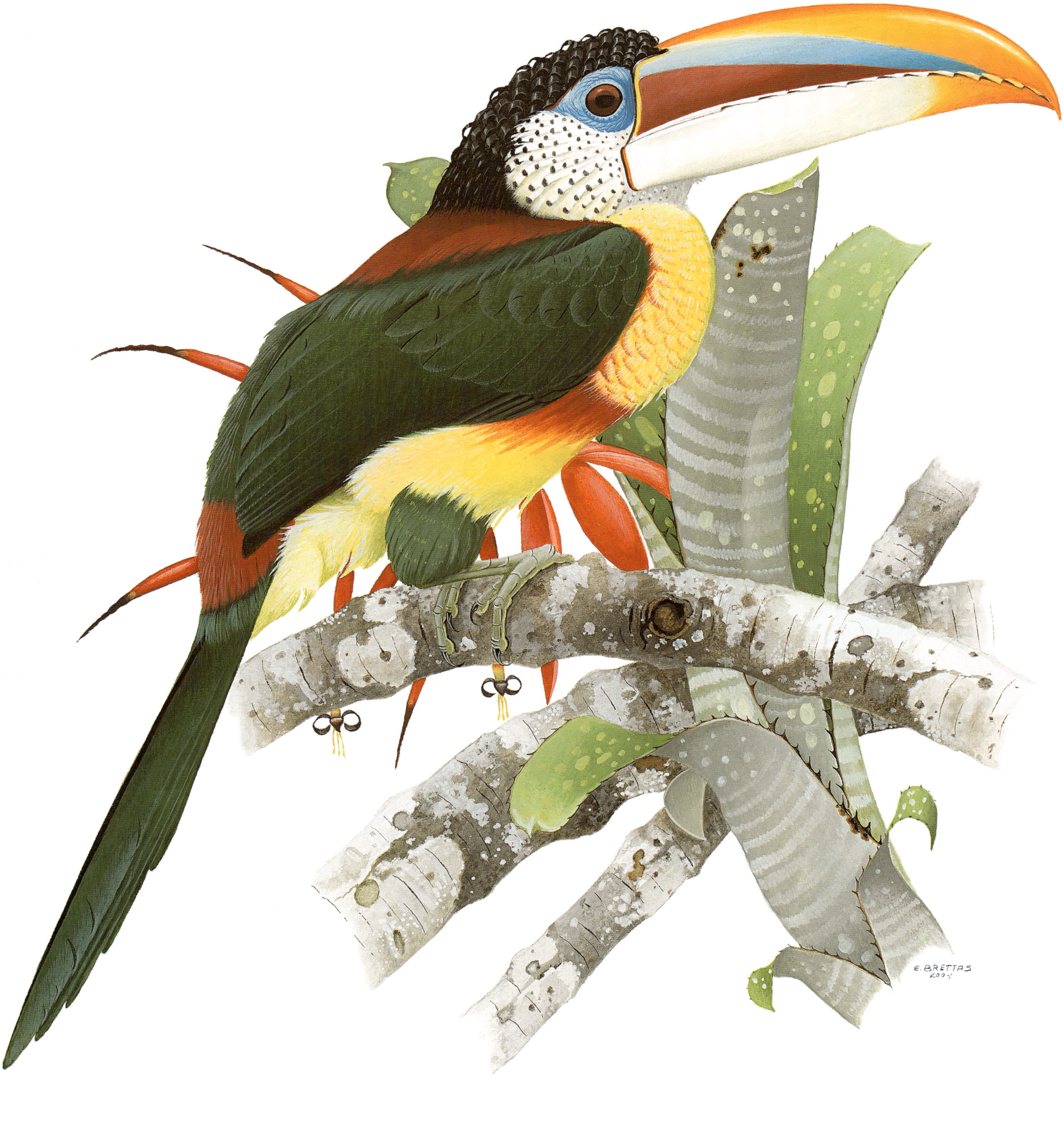
E. BRETTAS
2004

TUCANO-DE-BICO-VERDE
Ramphastos dicolorus Linnaeus, 1766
(Prancha 32)

Dentre os verdadeiros tucanos (gênero *Ramphastos*), esta é uma das menores espécies, medindo cerca de 45 cm de comprimento, dos quais aproximadamente dez correspondem ao bico; pesa em torno de 320 g a 400 g. Apesar de pequeno, sua plumagem é das mais ricas.

O bico verde e a barriga extensamente vermelha são as principais características deste tucano típico do Sul do Brasil, que ocorre do Espírito Santo, Minas Gerais e Goiás até o Rio Grande do Sul e adjacências do Paraguai e Argentina. Machos e fêmeas são iguais e, obedecendo a regra geral, a fêmea é em média um pouco menor especialmente no bico. Os filhotes apresentam o bico mais curto.

Habita preferivelmente as regiões montanhosas e florestadas, saindo com freqüência para capoeiras e descampados. Em locais tranqüilos, freqüenta inclusive áreas residenciais em busca especialmente de frutas como o mamão, amora, banana etc. Gosta muito dos frutos da embaúba (*Cecropia sp.*) e também participa dos bandos que procuram pela frutificação do palmito (*Euterpes edulis*) na mata Atlântica, podendo ser destacado como importante disseminador de suas sementes. Não raro, aparece em grandes cidades, em parques de maior porte como acontece na cidade de São Paulo onde inclusive chega reproduzir.

Vive quase sempre em casais ou pequenos grupos (famílias), mas nas andanças em busca de fruteiras reúne em grupos maiores e às vezes misturados com outras espécies. Sua reprodução (Sudeste do Brasil) se dá ao redor dos meses de outubro a janeiro, sendo o ninho uma cavidade em árvores a seis ou dez metros de altura, muitas vezes em postes de regiões rurais, geralmente um ninho abandonado de pica-paus, onde cria seus dois ou três filhotes. É espantoso como pode se acomodar em buracos tão pequenos que, às vezes, escolhem para nidificar.

Sua vocalização é muito típica e monótona parecendo dizer "uééé...uééé...uééé...", lembrando vagamente o repetido ranger de uma porteira; pode ser confundida com a vocalização de *Ramphastos vitellinus*, que é semelhante; entretanto, no Sul do Brasil essas duas espécies raramente são sintópicas, pois, enquanto *R. dicolorus* prefere as regiões mais montanhosas e raramente desce mais que uns 400 m de altitude; *R. vitellinus* prefere as baixadas próximas do litoral ou dos grandes rios.

R. dicolorus é uma espécie bastante particular; a base da mandíbula forma um ângulo inferior muito acentuado, caráter único entre os *Ramphastos*.

RED-BREASTED TOUCAN
Ramphastos dicolorus Linnaeus, 1766
(Plate 32)

Among the true toucans (*Ramphastos* genus), this is one of the smallest species, with a length of some 45 cm, of which almost 10 cm correspond to its bill; it weighs around 320 g to 400 g. Although small, its plumage is among the most vivid.

The green bill and bright red stomach are the main characteristics of this toucan, which is typical of southern Brazil, found in Espírito Santo, Minas Gerais and Goiás States, extending south to Rio Grande do Sul State and the borders with Paraguay and Argentina. Males and females are identical, and follow the general rule, with the female slightly smaller, especially her bill. The fledglings also have shorter bills.

Preferably living in forested, mountainous regions, they frequently venture forth into capoeira scrublands and open plains. At quiet spots, they may even be seen in residential areas, seeking fruits such as papaya, blackberries, bananas, etc. They particularly enjoy the nuts of the embauba palm (*Cecropia sp*) and also join the flocks of birds attracted to fruiting jucara palms (*Euterpes edulis*) in the Atlantic rainforest, playing an important role through disseminating their seeds. They are often seen in large urban parks, such as São Paulo, where they may even breed.

Living almost always in pairs or small groups (families), in their quest for fruits and nuts they gather together in larger groups, at times intermingling with other species. Breeding in southeast Brazil from October through January, they nest in tree cavities six to ten meters above the ground, often in light-poles in rural areas, and frequently taking over abandoned woodpecker nests where they raise two or three nestlings. It is amazing how they manage to fit into the tiny holes that they sometimes select for nesting.

Their call is very typical and monotonous: "hoo-ehhh...hoo-ehhh...hoo-ehhh...", vaguely recalling the repeated creak of a rusty gate; this may be confused the call of *Ramphastos vitellinus*, which it resembles. However, in southern Brazil, these two species are not really syntopic as *R. dicolorus* prefers more mountainous regions and rarely descends below an altitude of some 400 m, while *R. vitellinus* prefers the floodplains of the coast or major rivers.

R. dicolorus is an unusual species: the base of the mandible forms a very sharp lower angle, which is a unique characteristic among the *Ramphastos*.

Prancha / Plate 32
TUCANO-DE-BICO-VERDE / RED-BREASTED TOUCAN
Ramphastos dicolorus Linnaeus, 1766 – Página ao lado / *Page alongside*

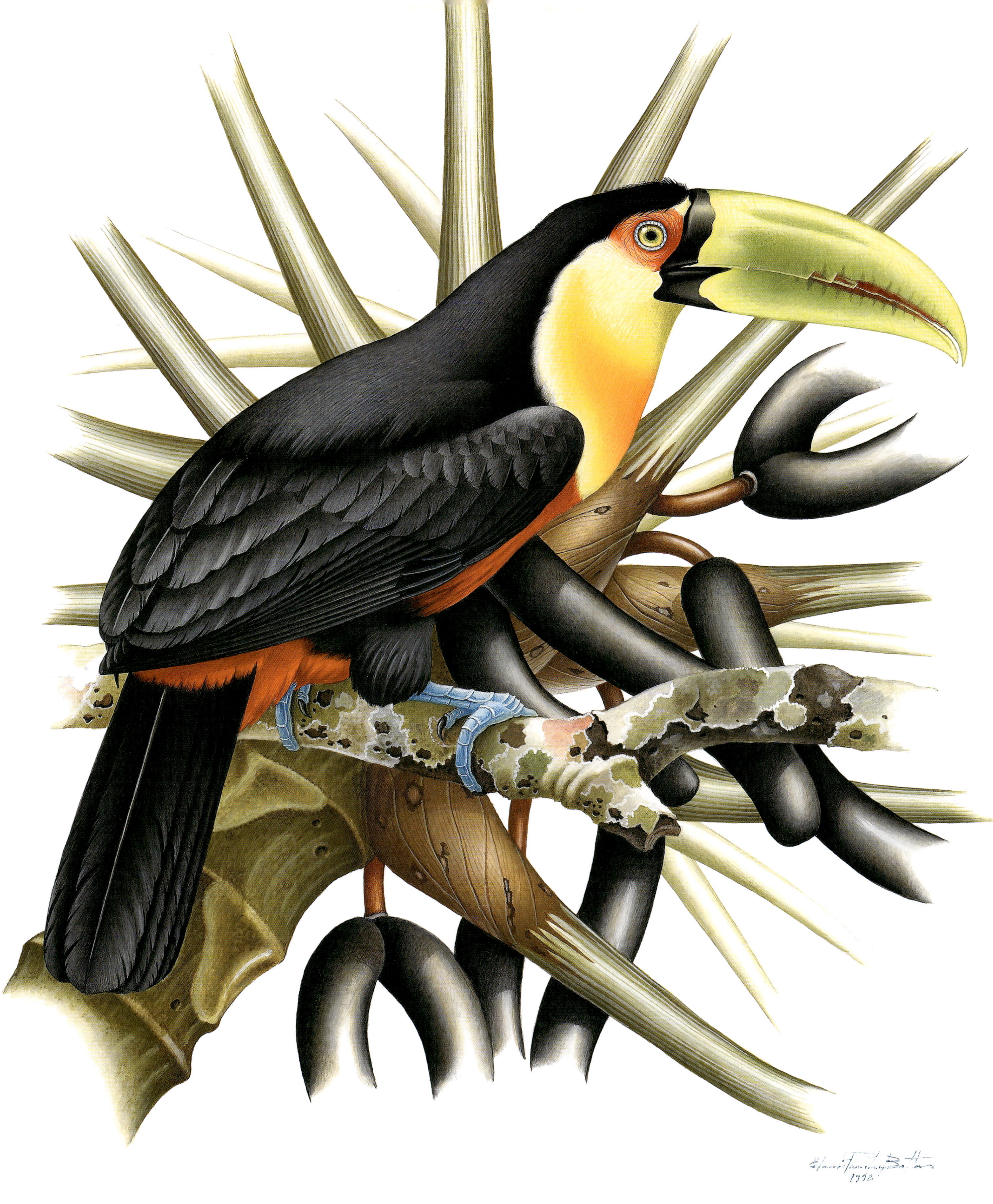
1998

TUCANO-DE-BICO-PRETO
Ramphastos vitellinus Lichtenstein, 1823

(Pranchas 33, 34, 35, 36 e 37)

Espécie complexa, extremamente polimorfa, o tucano-de-bico-preto apresenta uma notável variação geográfica. Ao longo de toda sua distribuição, os indivíduos apresentam uma variação da plumagem, mas sempre com uma evidente intergradação o que dificulta ou mesmo impede uma separação nítida entre as formas conhecidas. Muitos esforços já foram feitos para se reconhecer mais de uma espécie, até mesmo para uma maior facilidade de sistemática, porém quase sempre não agrada aos estudiosos.

O grupo **Ramphasos vitellinus** é caracterizado pelo bico preto com uma faixa transversal na base de cor amarela ou azul ou ainda amarela e azul. O bico, no alto do cúlmen, apresenta um sulco longitudinal de cada lado, muito típico desta espécie; o tucano-de-bico-verde (**R. dicolorus**) tem uma estrutura semelhante, mas não igual. A vocalização também é a mesma para todas as subespécies de **R. vitellinus** em toda sua área de distribuição e também lembra o tucano-de-bico-verde, sendo entretanto mais aguda, parecendo um assobio: "uííí...uííí...uííí´..."

O tucano-de-bico-preto ocorre em florestas úmidas de toda a Bacia Amazônica, incluindo as matas que acompanham os grandes rios que avançam através do cerrado brasileiro e também a região litorânea do País desde Pernambuco até Santa Catarina. A subespécie **R. v. citreolaemus**, que ocorre junto às encostas dos Andes da Colômbia, chega até cerca de 900 m de altitude.

Haffer (1996) em seu notável estudo sobre os ranfastídeos, reconhece cinco subespécies bem definidas de **R. vitellinus** enquanto Short e Horne (2002) reconhecem apenas quatro (não considerando a forma **R. v. pintoi**, Peters, 1945). No presente trabalho, verificamos seis subespécies, ou seja, incluímos dentre as formas reconhecidas por Haffer *(op. cit.)*, também **R. v. teresae** como uma subespécie válida e descrita por Reiser em 1905.

A forma típica, **R. v. vitellinus** (Lichteinstein, 1823), ocorre no leste da Venezuela, Guianas e Norte do Brasil, na margem norte do Amazonas e a leste do rio Negro. Mede cerca de 50 cm, pesando em torno de 340 g a 390 g. Como principal característica, a garganta é branca tornando-se amarelo-gema-de-ovo na sua porção central (existindo um certo contraste do branco com o amarelo). As coberteiras supracaudais são vermelhas. Comum nas margens de todos os rios da região, vive em bandos buscando as fruteiras mais interessantes, como a grande maioria dos ranfastídeos, sendo menos conspícuos e talvez menos abundantes que os tucanos-de-peito-branco (**R. tucanus**) que são maiores e parecem "dominar" as fruteiras.

CHANNEL-BILLED TOUCAN
Ramphastos vitellinus Lichtenstein, 1823

(Plates 33, 34, 35, 36 and 37)

A complex species that is highly polymorphic, the channel-billed toucan presents notable geographical variations. Throughout its entire distribution area, individuals feature a variety of plumage, but always with evident intergradation that hampers or even prevents clear separation among the known forms. Much effort has been devoted to recognizing more than one species, perhaps in order to facilitate the systematics, although this has not always pleased the experts.

*The **Ramphasos vitellinus** "group" is characterized by a black bill with yellow, blue or yellow and blue cross stripe at the base. At the top of the culmen, the bill features a lengthwise groove on each side that is very typical of this species; the red-breasted toucan (**R. dicolorus**) has a similar structure, but not identical. The call is the same for all the **R. vitellinus** subspecies throughout its entire distribution area, similar to that of the red-breasted toucan, although higher, sounding more like a whistle: "hooo-eee...hooo-eee...hooo-eee´..."*

*The channel-billed toucan is found in rainforests throughout the entire Amazon Basin, including the forests lining the huge rivers that wind through Brazil's cerrado savannas, and along its shoreline from Pernambuco State in the north to Santa Catarina State in the south. The **R. v. citreolaemus** subspecies that is found close to the slopes of the Andes in Colombia reaches an altitude of around 900 m.*

*In his notable study of the ramphastids, Haffer (1996) recognizes five clearly-defined subspecies of **R. vitellinus**, while Short and Horne (2002) recognize only four, not recognizing the **R. v. pintoi** form (Peters, 1945). In this book, we recognize six subspecies, including **R. v. teresae** among the forms recognized by Haffer (op. cit.) as a valid subspecies, described by Reiser in 1905.*

*The typical form, **R. v. vitellinus** (Lichteinstein, 1823) is found in eastern Venezuela and the Guianas, as well as in northern Brazil, on the northern bank of the Amazon River and east of the Negro River. Measuring some 50 cm, it weighs around 340 g to 390 g. As its main characteristic, the throat is white, becoming egg-yolk yellow in the middle, with a certain contrast between the white and the yellow. The over-tail coverts are red. Found frequently along the banks of all the rivers in this region, they live in flocks, seeking out the most interesting fruit-trees, like most of the ramphastids, although less conspicuous and perhaps less abundant than the white-throated toucan (**R. tucanus**), which is larger and seems to dominate in the fruit-trees and palms.*

Prancha / Plate 33
TUCANO-DE-BICO-PRETO / *CHANNEL-BILLED TOUCAN*
Ramphastos vitellinus vitellinus Lichtenstein, 1823 – Página ao lado / *Page alongside*

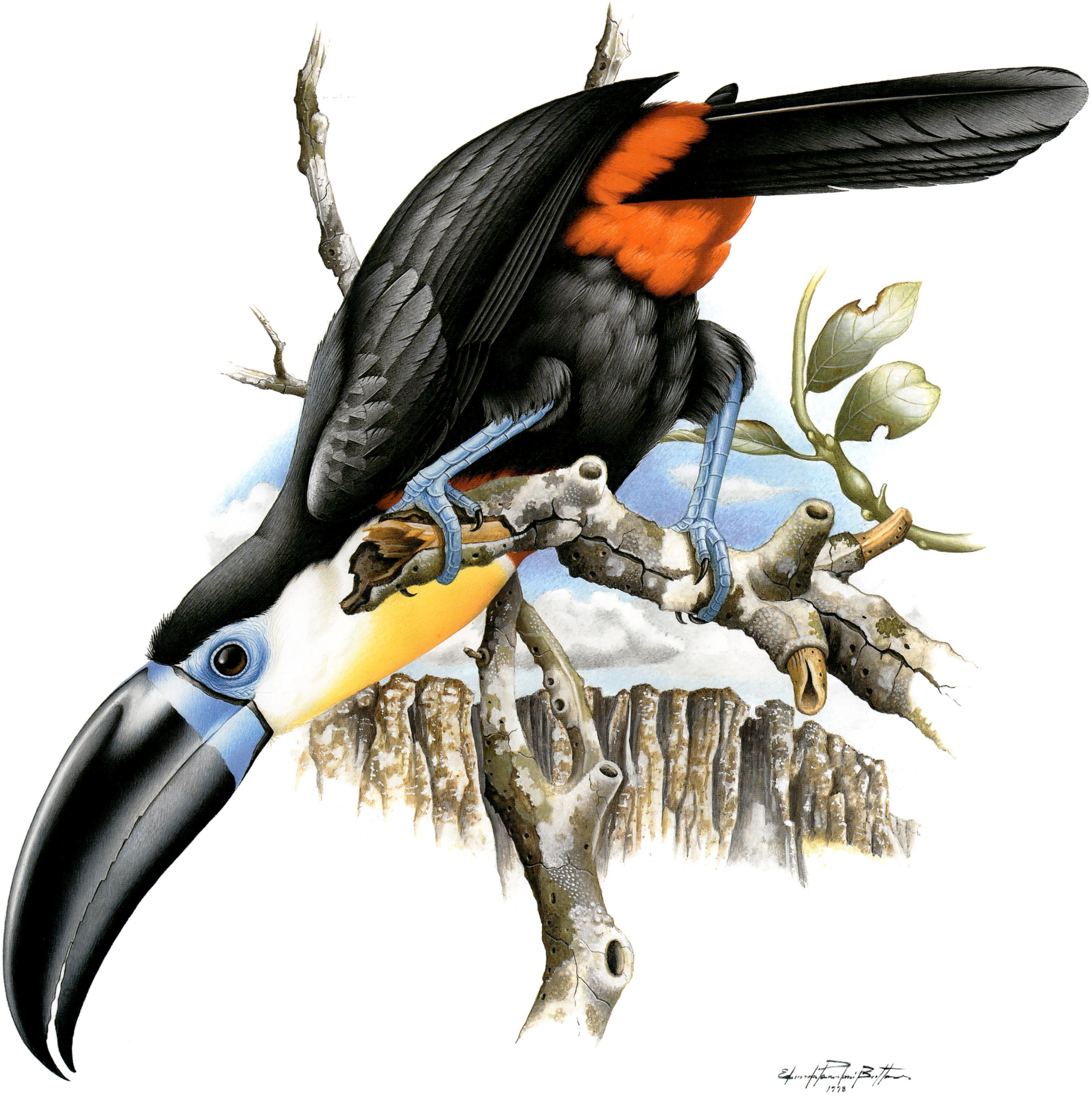

Ramphastos vitellinus ariel (Vigors, 1826) é representado por uma população disjunta, habitando as matas à margem sul do Amazonas e seus afluentes, como o Tapajós, Xingu e Tocantins, no Estado do Pará até o Maranhão. No litoral, sua distribuição vai desde Pernambuco até Santa Catarina, sempre nas baixadas (várzeas) florestadas, às vezes acompanhando rios maiores como o rio Doce no Espírito Santo pelo interior até Minas Gerais. Raramente ultrapassa os 400 m de altitude. Nessa distribuição disjunta, as populações divididas não são iguais e os exemplares do litoral de Pernambuco até Santa Catarina são muito maiores que os do Pará e Maranhão e um estudo melhor dessa variação ainda se faz necessário. Populações no sudoeste do Maranhão fazem transição com **R. v. teresae**.

Dentre as diversas subespécies de **Ramphastos vitellinus**, esta destaca-se pela cor do papo todo amarelo "gema-de-ovo" homogêneo e a face vermelha; exemplares do litoral, de Pernambuco para o sul, atingem cerca de 58 cm de comprimento e peso de 460 g enquanto os do Pará não ultrapassam o comprimento de 50 cm e o peso de 320 g.

É ainda abundante no litoral brasileiro sendo um importante dispersor das sementes do palmito (***Euterpe edulis***); engole os frutos inteiros dessa palmeira, vindo a regurgitar a semente com plena capacidade germinativa algum tempo depois em outra área. Na Amazônia, faz o mesmo com os frutos do açaí (***Euterpe oleracea***). Nos meses de julho e agosto, no Sul do Brasil, farta-se com a becuíba (***Virola***) que possui um mesocarpo vermelho oleoso, ficando com farta gordura da mesma cor e igualmente disseminando sua semente. No Sudeste do Brasil, reproduz nos meses de outubro a fevereiro, sempre em cavidades de árvores criando dois a três filhotes de cada vez.

Um fato notável deste tucano é que nos tempos do Império, os monarcas D. Pedro I e D. Pedro II possuíam mantos feitos exclusivamente com peles do papo de **R. vitellinus ariel**. Eram necessárias algumas dúzias de exemplares caçados exclusivamente para esse fim, dos quais aproveitava-se somente pele do papo para ser tecido apenas um manto de cor realmente espetacular; alguns desses mantos ainda podem ser vistos no Museu Imperial de Petrópolis, Rio de Janeiro.

Ramphastos vitellinus ariel (Vigors, 1826) is represented by a scattered population living in the forests on the south bank of the Amazon River and its tributaries, such as the Tapajós, Xingu and Tocantins Rivers from Pará to Maranhão State. Along the coastline, its distribution ranges from Pernambuco in the north to Santa Catarina State in the south, always in forested marshy lowlands, at times lining larger water-courses such as the Doce River in Espírito State, and continuing inland as far as Minas Gerais. They are rarely found at altitudes of more than 400 m. In this scattered distribution, the separate populations are not identical, and specimens from the coastline between Pernambuco and Santa Catarina are far larger than specimens from Pará and Maranhão States, indicating that further study of this variation is still required. Populations in southwest Maranhão State form a transition stage with **R. v. teresae**.

Among the various subspecies of **Ramphastos vitellinus**, this stands out for the smooth egg-yolk yellow color of its throat and red face. Specimens from the coast, from Pernambuco southwards reach some 58 cm in length and weigh 460 g, while those from Pará State are no more than 50 cm long and weigh 320 g.

Still abundant along the Brazilian coastline, this is an important disseminator for the seeds of the jucara palm (***Euterpe edulis***); it swallows its nuts whole, regurgitating the seeds later in a different area, all ready to germinate. In Amazonia, it follows the same procedure with the nuts of the assai palm (***Euterpe oleracea***). In July and August, it gorges on the nuts of the ocuba palm (***Virola***), which have an oily red mesocarp, retaining ample fat of the same color and disseminating its seeds. In southeast Brazil, it breeds between October and February, always in tree cavities, raising two or three fledglings.

A notable fact about this toucan is that during the XVIII century, the Emperor Pedro I and his son Pedro II wore cloaks made from the throat skins of **R. vitellinus ariel**. Several dozen specimens were hunted solely for this purpose, using only their throat skins to make really spectacular yellow cloaks, which are still on display today in the Imperial Museum in Petrópolis, Rio de Janeiro State.

Prancha / Plate 34
TUCANO-DE-BICO-PRETO / CHANNEL-BILLED TOUCAN
Ramphastos vitellinus ariel Vigors, 1826 – Página ao lado / Page alongside

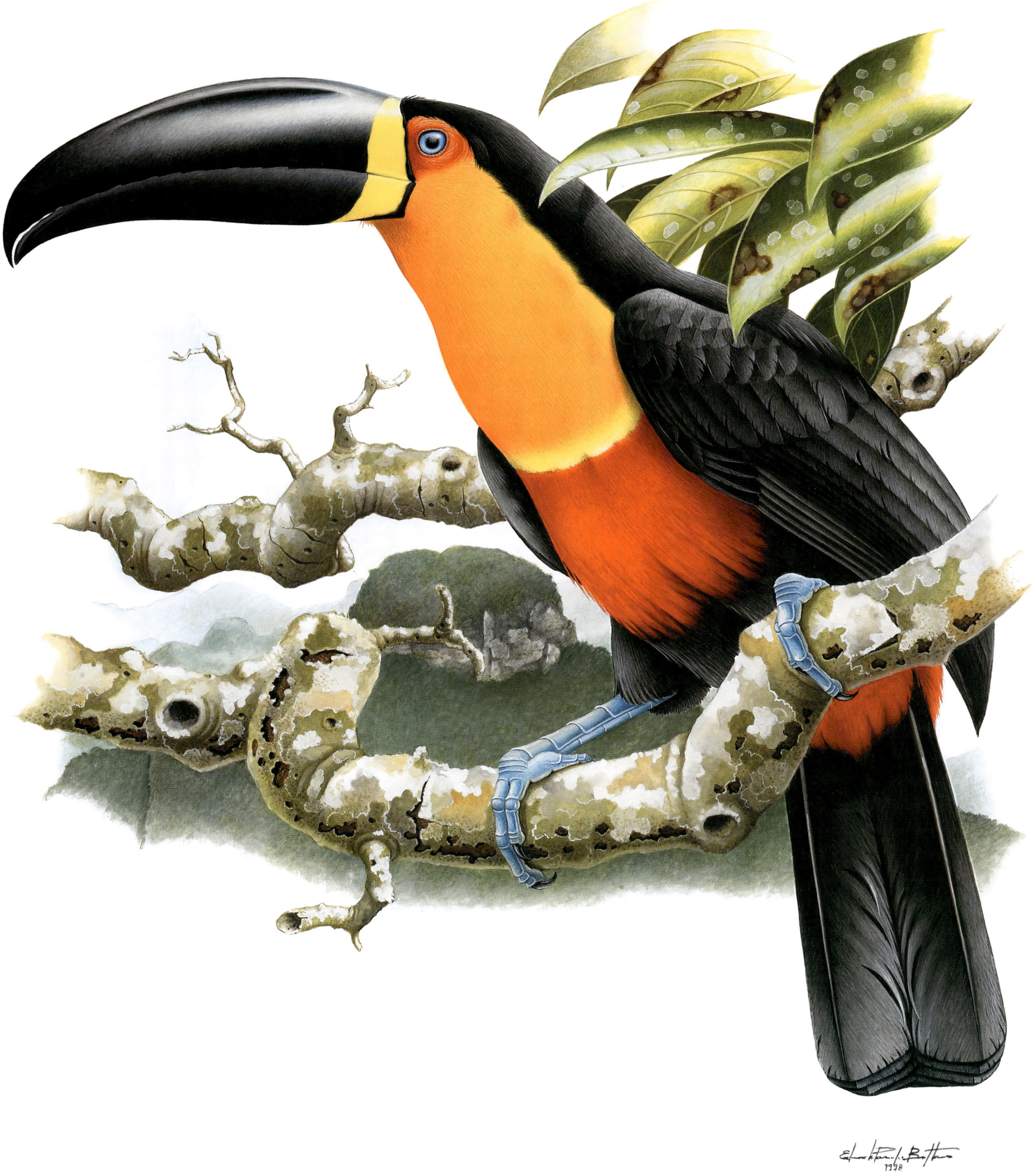

Ramphastos vitellinus culminatus (Gould, 1833) ocorre na porção oeste da Amazônia, em ambas as margens de todo o rio Solimões, sempre a oeste dos rios Negro e Madeira, chegando às encostas dos Andes da Venezuela até a Bolívia. Nessa subespécie, o papo é todo branco com um pouco de amarelo lavado na borda mais inferior e as coberteiras supracaudais são amarelas; o bico preto apresenta o cúlmen, a base e o ápice amarelos e a base da mandíbula é azul. Curiosamente a distribuição do colorido nessa espécie é idêntica à coloração observada no tucano-de-papo-branco (***Ramphastos tucanus cuvieri***) que ocorre concomitantemente em quase toda sua distribuição. Ou seja, são duas espécies que ocorrem na mesma área e nos mesmos locais (sipátricos e sintópicos). Apesar da extrema semelhança de coloração, o bico de **R. tucanus** não apresenta os sulcos laterais no cúlmen. As diferenças mais notáveis, sem dúvida, estão no tamanho muito maior de **R. tucanus** e a vocalização completamente diferente das duas espécies.

A semelhança na plumagem leva a uma vantagem biológica para **R. v. culminatus**, pois ao que parece, sendo muito menor e mais fraco que **R. tucanus cuvieri**, existe uma convivência mais pacífica entre ambas as espécies que podem freqüentar a mesma árvore, diferente do que acontece entre **R. t. tucanus** e **R. v. vitellinus** ou **R. v. ariel** no baixo Amazonas. Este é um interessante caso de mimetismo em que a competição, sempre presente na natureza, proporciona vantagens à uma espécie fisicamente mais fraca.

Ramphastos vitellinus pintoi (Peters, 1945) é uma subespécie bastante parecida com **R. v. culminatus**, diferindo principalmente por apresentar a base da mandíbula amarela em vez de azul. Habita o Brasil Central, no Mato Grosso, norte do Mato Grosso do Sul e Goiás. Vários autores, inclusive Haffer (1974) e Sick (1984,1997) consideram **R. vitellinus pintoi** uma forma intermediária entre **R. v. culminatus** e **R. v. ariel**. Porém, esses referidos autores mostram o mesmo mapa no qual se torna evidente que essas formas ocupam regiões muito distantes. Short e Horne (2002) não consideram essa subespécie como válida. A subespécie **pintoi** é na realidade muito semelhante à **culminatus** e nada tem de **ariel**; é uma subespécie válida e mantém suas características por uma ampla distribuição geográfica.

Ramphastos vitellinus culminatus (Gould, 1833) *is found in western Amazonia, on both banks of the entire Solimões River, always to the west of the Negro and Madeira Rivers, extending as far as the slopes of the Andes in Venezuela and even Bolivia. The throat of this subspecies is all white, with a little pale yellow at the lower edge; the over-tail coverts are yellow; the bill is black, with a yellow culmen, base and tip, while the base of the mandible is blue. Oddly enough, the distribution of the coloring in this species is identical to the coloring noted in the white-throated toucan (**Ramphastos tucanus cuvieri**), which is found concomitantly throughout almost its entire distribution area, meaning that these two species are found in the same area and at the same places (sympatric and syntopic). Despite the marked similarity in their coloring, the bill of **R. tucanus** has no lateral grooves along the culmen. The most notable differences are undoubtedly the larger size of **R. tucanus** and the completely different calls of these two species.*

*The similarity in their plumage offers **R. v. culminatus** a biological advantage as apparently far smaller and weaker than **R. tucanus cuvieri**, these two species live together quite peacefully and can share the same tree, in contrast to what happens between **R. t. tucanus** and **R. v. vitellinus** or **R. v. ariel** along the lower Amazon River. This is an interesting case of mimetism, where the competition that is always present in the wild offers advantages to a physically weaker species.*

Ramphastos vitellinus pintoi (Peters, 1945) *is a subspecies that is fairly similar to **R. v. culminatus**, differing mainly at the base of the mandible, which is yellow rather than blue. Living in central Brazil, it is found in Mato Grosso State, as well as northern Mato Grosso do Sul and Goiás States. Several authors, including Haffer (1974) and Sick (1984; 1997), consider **R. vitellinus pintoi** an intermediate form between **R. v. culminatus** and **R. v. ariel**. However, these same authors show the same map, which clearly indicates that these forms live in regions that are far apart. Short and Horne (2002) did not consider the subspecies as valid. The **pintoi** subspecies is in fact very similar to **culminatus**, and has nothing in common with **ariel**; it is a valid subspecies and maintains its characteristics through a broad-ranging geographical distribution.*

Prancha / Plate 35
TUCANO-DE-BICO-PRETO / *CHANNEL-BILLED TOUCAN*
Ramphastos vitellinus pintoi Peters, 1945 – Página ao lado / *Page alongside*

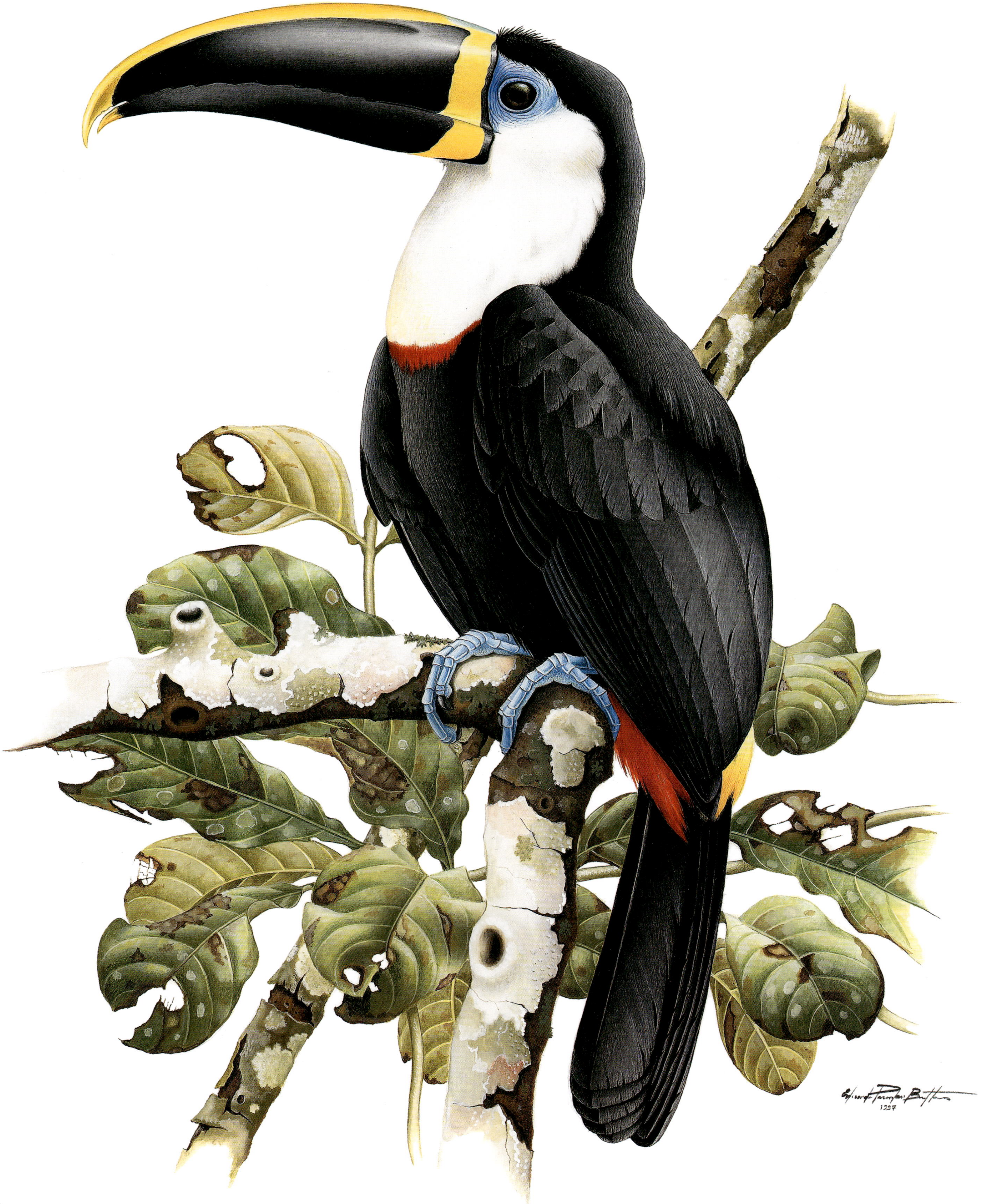

Ramphastus vitellinus teresae (Reiser, 1905) é outra subespécie de validade muito discutida e mal conhecida. Para Germiny (1937), "*theresae*" é um híbrido entre *ariel* e *culminatus* e Haffer (1974) comenta sobre exemplares procedentes do sudoeste do Maranhão (região especial por representar a borda de distribuição de "*theresae*"), concordando com a idéia de Germiny. Haffer admite existir uma extensa zona de hibridação entre essas formas. Aliás, o termo hibridação aí aplicado torna-se errôneo; mais correto seria usar o termo intergradação ou introgressão, nos quais se observa uma lenta substituição dos caracteres à medida que se desloca numa mesma direção geográfica.

A subespécie *theresae* é mais próxima de "*ariel*" sendo caracterizada pela garganta "papo" amarelo-claro (não a cor de gema típica de *ariel*) tendendo ao branco nas laterais e na porção mais inferior. As coberteiras supracaudais são amarelas e a face (região perioftálmica) é pigmentada de azul, verde e amarelo, podendo ter uma tendência maior ou menor à essas tonalidades. O vermelho abaixo do papo é muito menos extenso que em *ariel*.

Com essas características, *R. v. theresae* ocorre no extremo sudoeste do Maranhão e Piauí, para oeste em quase todo o Estado do Tocantins (rios Caiapó e Caiapozinho), sudeste do Pará no rio Fresco, região de Gorotire (Novaes, 1960) e nordeste de Mato Grosso (rio Beleza, Vila Rica). Afinal, é uma extensa região em que as características desta subespécie são mantidas.

Os reais limites a oeste de *R. v. theresae* são ainda imprecisos, podendo ser melhor definidos com estudos mais aplicados. Existe ainda uma população intermediária de *R. v. culminatus* com *R. v. vitellinus*, em ambas as margens do rio Negro e que chega também à margem sul do Solimões (rio Madeira). Essa população foi denominada de *R. v. osculans* (Gould, 1835), sendo muito parecida com *R. v. theresae*, exceto pelo cúlmen que é amarelo como em *culminatus*. Haffer (1974) considera essa região de "*osculans*" como zona de hibridação não reconhecendo a validade desta subespécie também, no que é seguido pela grande maioria dos autores atuais. Novos estudos são necessários para uma reavaliação desta forma.

Ramphastus vitellinus teresae (Reiser, 1905) is another subspecies whose validity is much discussed and little-know. For Germiny (1937), *theresae* is a hybrid between *ariel* and *culminatus*, while Haffer (1974) comments on specimens from southwest Maranhão State (a special region on the boundary of the *teresae* distribution area), agreeing with the idea of Germiny. Haffer feels that there is a broad hybridization zone between these forms. In fact, the word hybridization is mistakenly applied here; it would be more correct to use the word intergradation or introgression, where a gradual substitution of characteristics is noted, shifting in a specific geographical direction.

The *teresae* subspecies is closer to *ariel*, being characterized by a throat that is pale yellow (rather than the egg-yolk gold typical of *ariel*), shading towards white at the sides and the lower portion. The over-tail coverts are yellow and the face is pigmented with blue, green and yellow in the periophthalmic region, with these shades being brighter or paler. The red area below the throat is far smaller than in *ariel*.

With these characteristics, *R. v. teresae* is found in southwestern Maranhão State and Piauí State, extending westwards through almost the whole of Tocantins State (Caiapó and Caiapozinho Rivers), southeast Pará State along the Fresco River, the Gorotire region (Novaes, 1960) and northeast Mato Grosso State (Beleza River, Vila Rica). In fact, this covers a vast region throughout which the characteristics of this subspecies are maintained.

The real western boundaries of *R. v. teresae* are still vague, and can be better defined through more detailed studies. There is also an intermediate population of *R. v. culminatus* with *R. v. vitellinus*, on both banks of the Negro River, which also reaches the southern bank of the Solimões River (Madeira River). This population was called *R. v. osculans* (Gould, 1835) and is very similar to *R. v. teresae*, except that the culmen is yellow, as in *culminatus*. Haffer (1974) views this *osculans* region as a hybridization zone, not recognizing the validity of this subspecies, with most modern authors concurring. New studies are also required to reassess this form.

Prancha / Plate 36
TUCANO-DE-BICO-PRETO / CHANNEL-BILLED TOUCAN
Ramphastos vitellinus teresae Reiser, 1905 – Página ao lado / Page alongside

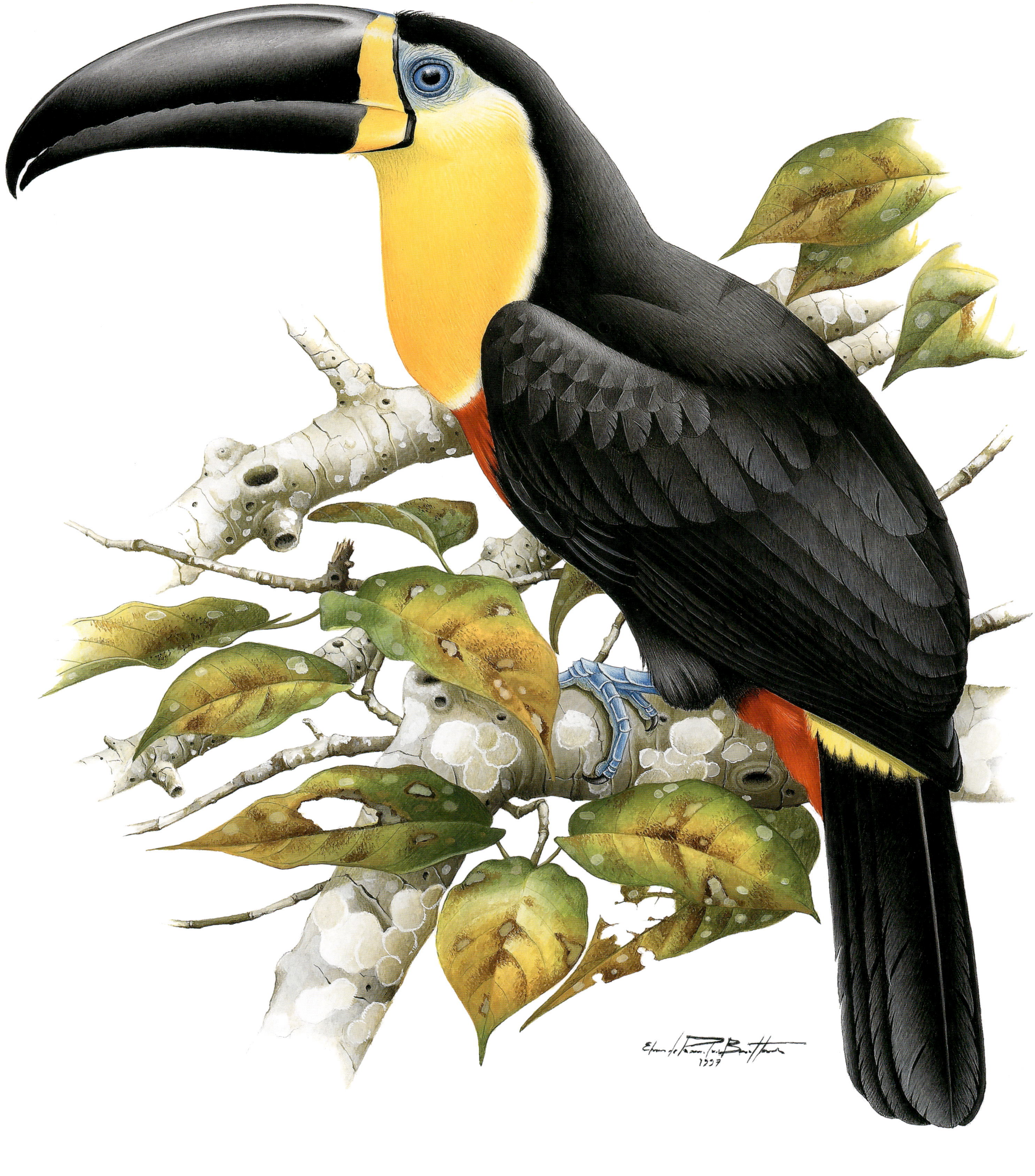

Ramphastos vitelinus citreolaemus (Gould, 1844) é uma subespécie que ocorre apenas na Colômbia, no vale do rio Magdalena. Isola-se de *R. v. culminatus* pela Cordilheira Leste dos Andes, mas uma população numa área bastante restrita da Venezuela, contornando a Cordilheira, constitui uma faixa de transição entre essas formas.

Essa subespécie é muito semelhante a *culminatus* no que se refere à plumagem; a diferença está no bico, ou mais precisamente na base deste que é azul e amarelo, fazendo um desenho diferente de todas as demais subespécies. Quanto à vocalização, esta é idêntica a todas as demais formas, ou subespécies de *R. vitellinus*. Haffer (1974) comenta sobre as gravações feitas por Paul Schwartz de *R. v. citreolaemus*, *R. v. culminatus*, *R. v. vitellinus* e *R. v. ariel* como sendo todas extremamente similares na análise sonográfica.

Em *citreolaemus*, da mesma forma que acontece em outras subespécies, muitos autores consideram como espécie independente de *R. vitellinus*. Porém, como comentado anteriormente, todas as subespécies apresentam uma evidente intergradação, unindo-as todas e dificultando muito a separação de forma natural em duas ou mais espécies. Todas apresentam o cúlmen do bico com um canal ou sulco de cada lado e a vocalização é também uma constante nesta espécie.

Ramphastos vitellinus forma uma maravilhosa associação de formas que é um dos melhores exemplos vivos de compreensão da evolução e da origem de novas espécies. A natureza sofre grandes alterações, imprevistas ou não e não só as ocasionadas pelo homem. O fato é que uma espécie como o tucano-de-bico-preto parece ainda testemunhar a relativa estabilidade ecológica em toda sua área de distribuição. Talvez algumas das irresponsabilidades humanas contra a natureza, modificando alguns ambientes, venham a impedir fluxos gênicos entre as populações desta espécie e paradoxalmente provoquem, em curto espaço de tempo (geológico é claro), a origem de novas espécies.

Ramphastos vitellinus citreolaemus (Gould, 1844) is a subspecies found only in Colombia, along the Magdalena River Valley. It is separated from *R. v. culminatus* by the eastern Cordillera of the Andes, but a population in a somewhat limited area of Venezuela surrounding the Cordillera constitutes a transition stage between these forms.

This subspecies is very similar to **culminatus** *in terms of plumage; the difference lies in the bill, or more precisely its base, which is blue and yellow, forming a design that is different from all the other subspecies. Its call is identical to all the other forms or subspecies of* **R. vitellinus**. *Haffer (1974) mentions the recordings made by Paul Schwartz of* **R. v. citreolaemus**, **R. v. culminatus**, **R. v. vitellinus** *and* **R. v. ariel**, *all of which are extremely similar in the sonographic analysis.*

Similar to other subspecies, many authors consider **citreolaemus** *as a species independent of* **R. vitellinus**. *However, as mentioned previously, all the subspecies present evident intergradation, linking them and making it extremely hard to separate out the natural form into two or more species. All of them present a culmen with a channel or groove along each side, and the call is also a constant in this species.*

Ramphastos vitellinus *constitutes a marvelous association of forms that is one of the best living examples offering an understanding of the evolution and origin of these species. Nature is subject to massive alterations, unforeseen or not, and not caused only by human beings. The fact is that a species such as the channel-billed toucan seems to bear witness to the relative ecological stability of its entire distribution area. Perhaps some irresponsible anthropic activities may modify some environments, preventing gene flows among the population of this species, paradoxically triggering the appearance of new species over brief periods of time (in geological terms).*

Prancha / Plate 37
TUCANO-DE-BICO-PRETO / *CHANNEL-BILLED TOUCAN*
Ramphastos vitellinus citreolaemus Gould, 1844 – Página ao lado / *Page alongside*

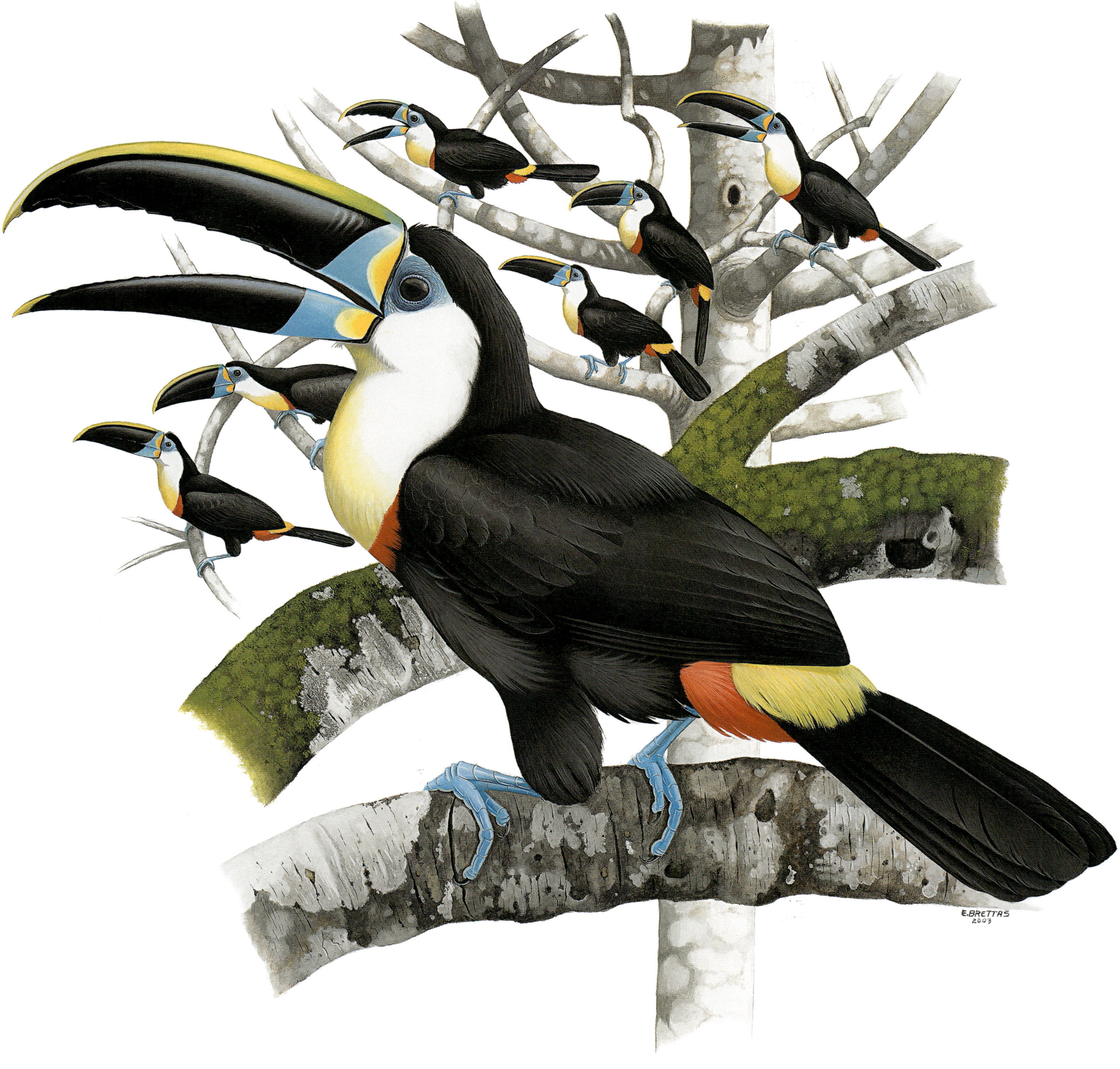
E.BRETTAS
2003

TUCANO-DE-PAPO-BRANCO
Ramphastos tucanus Linnaeus, 1758

(Pranchas 38 e 39)

Ocorre em toda a Bacia Amazônica, onde é o tucano mais comum e mais facilmente ouvido em toda a floresta. Sua vocalização, diferente dos demais ranfastídeos, pode ser descrita como: "iô, kuá-kuá-kuá", lembrando um agudo latido de cachorro perseguindo uma caça. É uma das vozes mais típicas da Amazônia, tornando-se com freqüência bastante monótona. Vivem na floresta úmida sempre próximos a rios e áreas inundadas; raramente saem para regiões abertas.

Gregários, voam aos bandos pelas copas à procura de fruteiras; apreciando muito os frutos de palmáceas como a bacaba (**Oenocarpus bacaba**) e o açaí (**Euterpe oleracea**), onde reúnem-se em gritaria desenfreada. Outros frutos são também procurados como a embaúba (**Cecropia**) e o **Ficus**. Sua alimentação é também complementada com lagartas, gafanhotos, baratas, aranhas, pequenos mamíferos, aves, lagartos e ovos diversos. Predam principalmente os ninhos do japim (**Cacicus cela**) devorando os ovos, filhotes e mesmo adultos dessa espécie.

Nidificam em cavidades de árvores de alturas diversas nas quais põem de dois a três ovos; machos e fêmeas incubam por 15 a 16 dias e os ninhos são predados por macacos (**Cebus**) e gaviões (**Spizaetus**).

Machos e fêmeas são iguais, embora os machos apresentem as medidas, especialmente do bico, um pouco maiores. Mede de 55 cm a 60 cm de comprimento e pesa de 450 g a 600 g; exemplares extremamente gordos chegam a pesar até 850 g. Três subespécies são reconhecidas.

A forma típica, ou seja, **R. t. tucanus** (Linnaeus, 1758) tem o bico vermelho escuro em sua porção central e as coberteiras supracaudais amarelo-claro. Ocorre nas Guianas, norte do Pará, Amapá, Marajó, leste do Pará, ao sul do rio Amazonas até o lado leste do rio Tocantins; atinge ainda o litoral do Maranhão. Entre os rios Tocantins e Xingu (incluindo o Estado de Tocantins) e também ao longo dos rios Branco e Negro, próximo a Manaus, o tucano-de-papo-branco apresenta caracteres intermediários entre as subespécie **tucanus** e **cuvieri**.

WHITE-THROATED TOUCAN
Ramphastos tucanus Linnaeus, 1758

(Plates 38 and 39)

Found throughout the Amazon Basin, the toucan is very common and easily heard throughout the entire forest. Different from the other ramphastids, its call may be described as: "whooo, coo-wuff-coo-wuff-coo-wuff", resembling the sharp bark of a dog on the hunt. This is one of the most typical voices of Amazonia, frequently becoming monotonous. Living in the rainforest, always close to rivers and floodlands, it rarely ventures out into open areas.

*Gregarious, it flies in flocks through the forest canopy seeking fruit-trees and feasting on nuts from palms such as the turu (**Oenocarpus bacaba**) and the assai (**Euterpe oleracea**), where they gather together and shriek raucously. Other foods include the nuts of the embauba palm (**Cecropia**) and figs (**Ficus**). Its diet is also supplemented by caterpillars, locusts, roaches, spiders, small mammals, birds, lizards and sundry eggs. They prey mainly on the nests of the yellow-rumped cacique (**Cacicus cela**), devouring the eggs, fledglings and even the adults of this species.*

*Nesting in tree cavities at a variety of heights, they lay two to three eggs; the males and females incubate them for 15 to 16 days, with their nests vulnerable to attack by predators, such as monkeys (**Cebus**) and hawks (**Spizaetus**).*

Males and females are identical, although the males are slightly larger, especially the bill. With a length of 55 cm to 60 cm, they weigh 450 g to 600 g; and some extremely robust specimens may even weigh 850 g. Three subspecies are recognized.

*The typical form, meaning the **R. t. tucanus** (Linnaeus, 1758) has a bill that is dark red in the center, with pale yellow over-tail coverts. Found in the Guianas, northern Pará and Amapá States, as well as Marajó Island and eastern Pará State, it extends south of the Amazon River to the eastern bank of the Tocantins River, and stretches as far as the Maranhão State coastline. Between the Tocantins and Xingu Rivers (including Tocantins State), and also along the Branco and Negro Rivers close to Manaus, the white-throated toucan presents characteristics that are intermediate between the **tucanus** and **cuvieri** subspecies.*

Prancha / Plate 38
TUCANO-DE-PAPO-BRANCO / WHITE-THROATED TOUCAN
Ramphastos tucanus tucanus Linnaeus, 1758 – Página ao lado / *Page alongside*

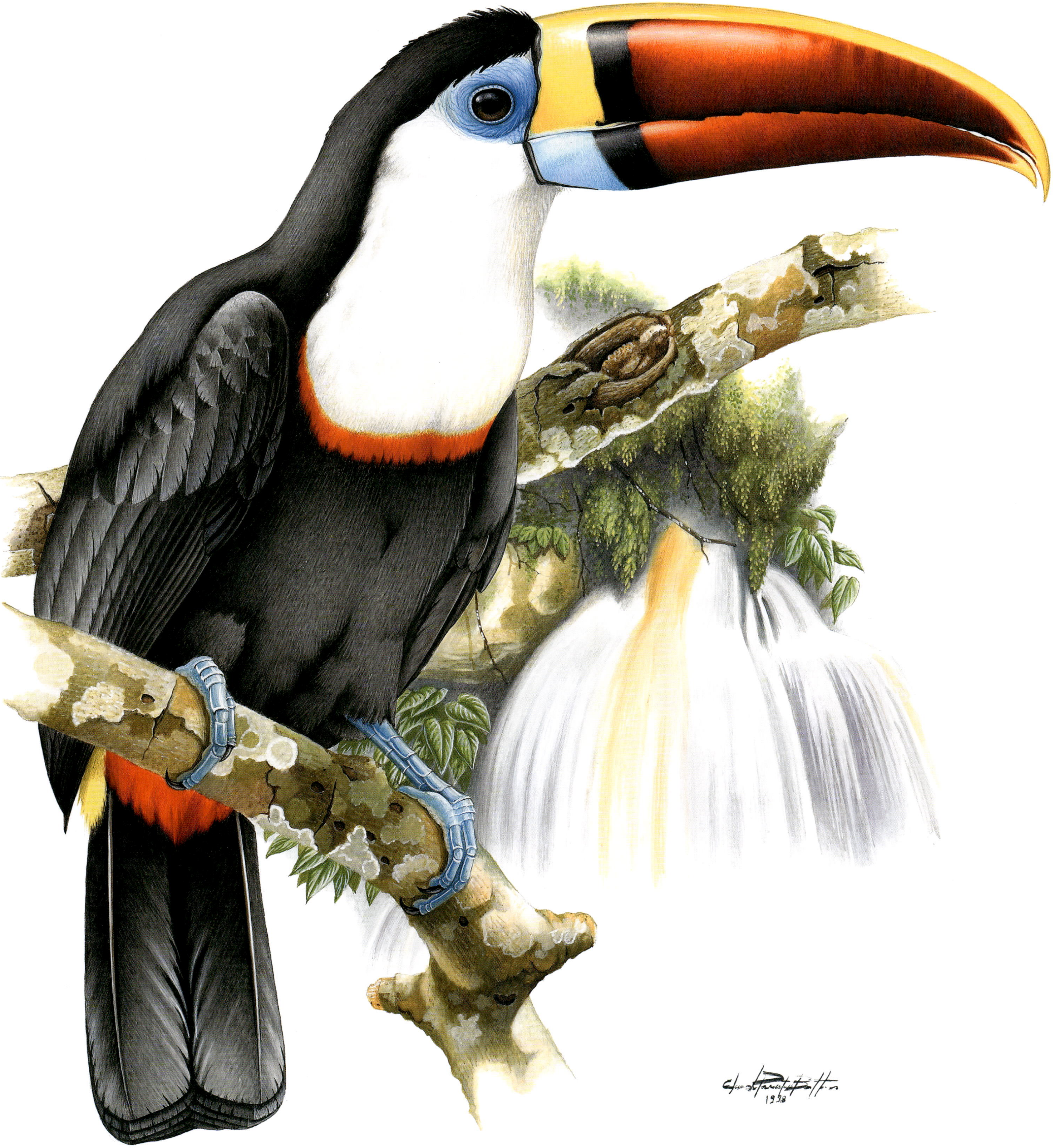

Ramphastos tucanus cuvieri (Wagler, 1827) difere da forma típica pelo porte pouco maior, pelo bico preto e pelas coberteiras supracaudais de cor amarelo-laranja. Notável é o bico de ***R. tucanus cuvieri***, que parece ser o mais longo entre todos os ranfastídeos, embora alguns exemplares de ***R. toco*** possam ter um bico com maior volume; alguns chegam a ultrapassar os 20 cm só de bico, sendo portanto mais um caráter que o separa da forma típica. A coloração de toda plumagem, do bico e da face são exatamente idênticas à de ***Ramphastos vitellinus culminatus***, diferindo deste pelo porte muito maior e pela vocalização, conforme foi descrito ao tratar-se deste último.

A subespécie ***R. t. cuvieri*** habita a região oeste da Amazônia e maior parte ao sul do rio Amazonas (exceto o extremo leste), chegando até as encostas dos Andes, desde a Venezuela até o norte da Bolívia. No Brasil, sua distribuição inclui todo o Estado do Mato Grosso (sendo relativamente raro em sua parte sul). A vocalização e os hábitos são os mesmos da forma típica, tendo preferência pelas florestas úmidas próximas de rios e lagos, sempre em baixas altitudes, chegando próximo dos Andes até os 900 m de altitude.

Na região central da Bolívia, próximo à encosta leste dos Andes, ocorre a subespécie ***Ramphastos tucanus inca*** (Gould, 1846), que difere de ***R. t. cuvieri*** por possuir uma mancha vermelha no meio do bico e pelas coberteiras supracaudais de cor laranja quase vermelho. As barreiras ecológicas são tênues para as subespécies do tucano-de-papo-branco existindo evidente intergradação entre as subespécies.

A vocalização das três subespécies é idêntica e a existência de intergradação discordam com a idéia de que ***cuvieri*** pudesse ser elevado a um *status* de espécie, como vários autores já propuseram no passado.

Ramphastos tucanus cuvieri (Wagler, 1827) differs from the typical form, as it is slightly larger, with a black bill, and yellow-orange over-tail coverts. The bill of the ***R. tucanus cuvieri*** is notable, which seems to be the longest among the ramphastids, although some specimens of the ***R. toco*** seem to have a bill with a larger volume; certain specimens have bills that are more than 20 cm long, with this consequently being more a characteristic that separates it from the typical form. The colorization of the entire plumage, bill and face is identical to that of the ***Ramphastos vitellinus culminatus***, from which it differs only in size, being slightly larger, and call, as noted when describing the latter.

The ***R. t. cuvieri*** subspecies lives in western Amazonia and much of the lands to the south of the Amazon River (except for the eastern most portion), reaching the slopes of the Andes from Venezuela to northern Bolivia. In Brazil, its distribution includes all Mato Grosso State (although relatively rare in the southern portion of this State. Its call and habits are the same as the typical form, preferring rainforests close to rivers and lakes, always at low altitudes, and up to altitudes of 900 m close to the Andes.

In Central Bolivia, close to the eastern slopes of the Andes, the ***Ramphastos tucanus inca*** subspecies is found (Gould, 1846), differing from the ***R. t. cuvieri*** through a red patch in the middle of its bill, with over-tail coverts that are a deep orange, almost red. The ecological barriers separating the subspecies of the white-throated toucan are flimsy, with evident intergradations among the subspecies.

The call of the three subspecies is identical, and the existence of intergradations contradicts the idea that the ***cuvieri*** could be raised to the status of a species, as several authors have already suggested in the past.

Prancha / Plate 39
TUCANO-DE-PAPO-BRANCO / WHITE-THROATED TOUCAN
Ramphastos tucanus cuvieri Wagler, 1827 – Página ao lado / *Page alongside*

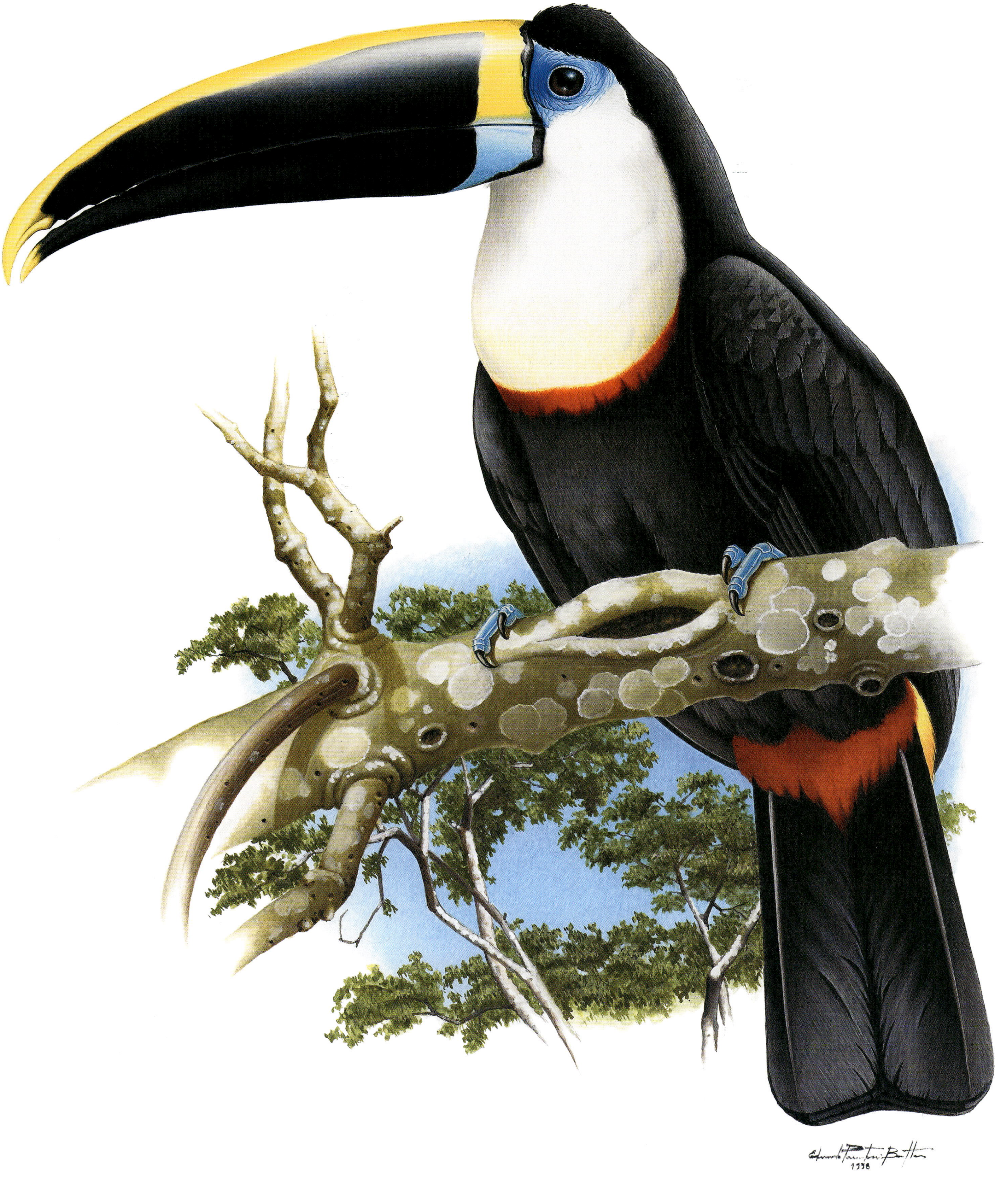

TUCANO-DE-PAPO-AMARELO
Ramphastos ambiguus Swainson, 1823

(Pranchas 40 e 41)

O tucano-de-papo-amarelo é uma espécie de grande porte, notável pela coloração do bico dividido em duas metades: uma dorsal amarela e a outra ventral preta, com maior ou menor participação de um fundo vermelho, conforme sua variação geográfica. À primeira vista, assemelha-se bastante ao tucano-chocó (***Ramphastos brevis***), com o qual é simpátrico em boa parte de sua distribuição, distinguindo-se pelo porte bastante maior, na forma do bico e principalmente pela vocalização.

Ramphastos ambiguus é mais aparentado com **R. tucanus**, enquanto **R. brevis** com **R. sulfuratus**; isso com base na morfologia do bico, na vocalização e corroborado também pelo comportamento uma vez que a gritaria monótona de **R. ambiguus** lembra perfeitamente **R. tucanus** numa região em que este não ocorre.

Do ponto de vista evolutivo, parece haver uma convergência na coloração dos bicos de **R. ambiguus**, **R. brevis** e também de **Selenidera expectabilis** sendo que essas três espécies compartilham entre si uma apreciável extensão geográfica. Tal fato lembra a semelhança entre **R. tucanus cuvieri** e **R. vitellinus culminatus**, também simpátricos em extensa área e representa mais um exemplo de mimetismo entre tucanos; desconhecemos na prática que vantagens podem ser tiradas por alguma dessas espécies por causa da semelhança do bico. Outra particularidade interessante e intrigante é a tonalidade de marrom na região da nuca das espécies **ambiguus**, **brevis** e **sulfuratus**.

Ramphastos ambiguus mede de 55 cm a 58 cm e pesa de 590 g a 740 g. Três subespécies são reconhecidas: a forma típica **R. a. ambiguus** Swainson, 1823 ocorre no sudoeste da Colômbia (alto rio Magdalena), pela encosta leste dos Andes do Equador e todo o norte do Peru (sem contato com o litoral); possui a região perioftálmica azul e a metade ventral do bico é escura, predominantemente preta com pouco ou nenhum vermelho na base.

YELLOW-THROATED TOUCAN
Ramphastos ambiguus Swainson, 1823

(Plates 40 and 41)

The yellow-throated toucan is a large species, with a striking bill, divided into two halves: a yellow back and black front, with a red bottom to a greater or lesser extent, depending on its geographical variation. At first sight, it seems quite similar to the choco toucan (***Ramphastos brevis***), with which is sympatric over much of its distribution area, although distinguished by its larger size, bill shape and above all by its call.

Ramphastos ambiguus is more similar to **R. tucanus**, while the **R. brevis** is more similar to the **R. sulfuratus**; based on the morphology of the bill, the call, and corroborated also by its behavior, as the monotonous shrieks of **R. ambiguus** closely resemble those of **R. tucanus** in a region where this is not found.

From the evolutionary standpoint, there seems to be a convergence in the coloring of the bills of the **R. ambiguus**, **R. brevis** and the **Selenidera expectabilis,** with these three species sharing an appreciable geographic area. This factor recalls a similarity between the **R. tucanus cuvieri** and the **R. vitellinus culminatus**, also sympatric over a huge area and representing yet another example of mimetism among toucans; we are unaware of the practical advantages that may be obtained by some of these species through the similarity of their bills. Another interesting and intriguing characteristic is the brown shading around the neck of the **ambiguus**, **brevis** and **sulfuratus** species.

Ramphastos ambiguus measures 55 cm to 58 cm and weighs 590 g to 740 g. Three subspecies are recognized: the typical form, the **R. a. ambiguus** (Swainson, 1823) is found in southwest Columbia (upper Magdalena River), along the eastern slopes of the Andes in Ecuador and all over northern Peru (not in contact with the coastline). The periophthalmic region is blue and the ventral half of the bill is dark, mainly black, with little or no red at the base.

Prancha / Plate 40
TUCANO-DE-PAPO-AMARELO / *YELLOW-THROATED TOUCAN*
Ramphastos ambiguus ambiguus Swainson, 1823 – Página ao lado / *Page alongside*

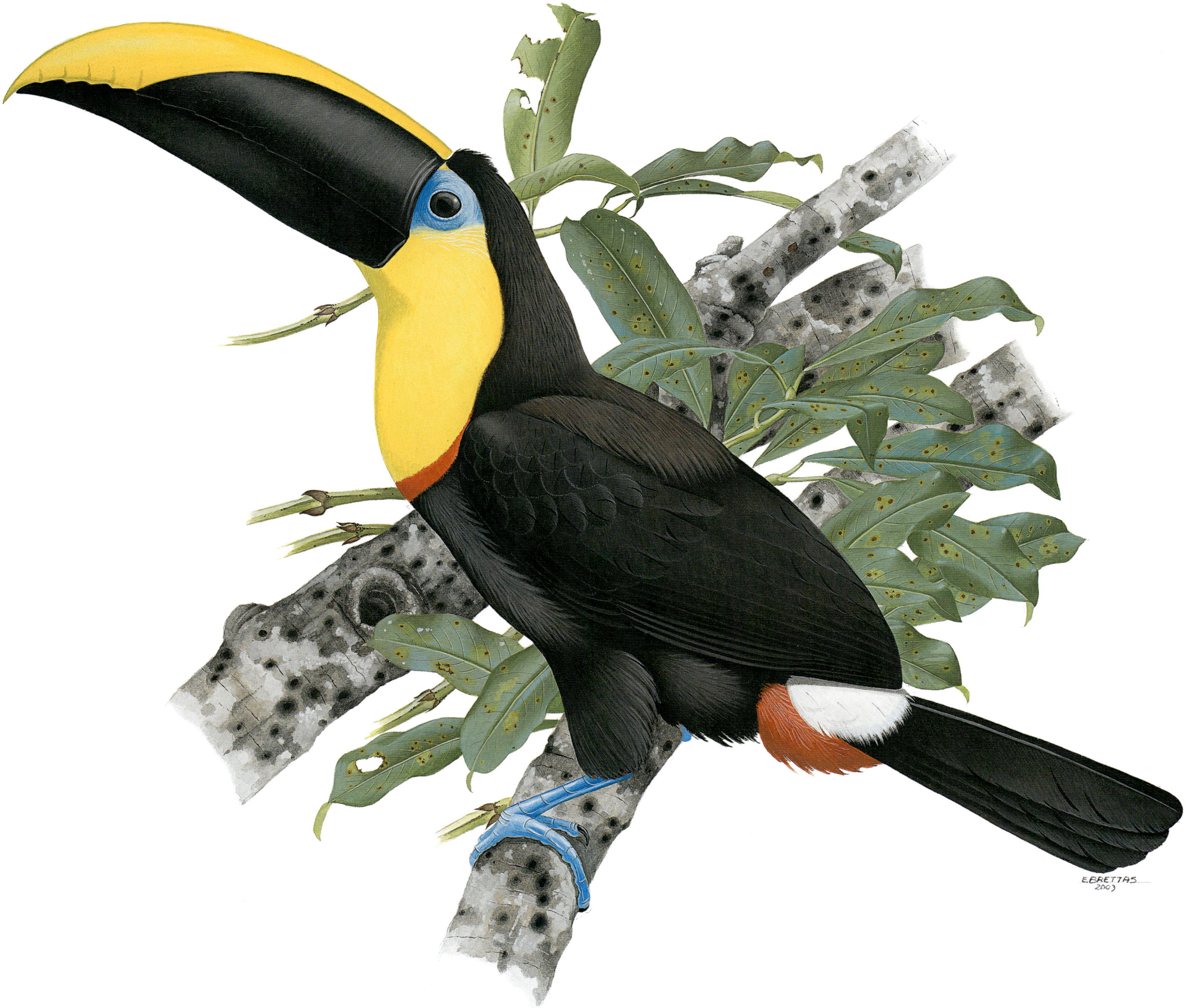
E.BRETTAS
2003

R. a. swainsonii (Gould, 1833) ocorre do outro lado dos Andes, voltado para o litoral Pacífico da Colômbia e Equador, estendendo-se para a América Central através do Panamá, Costa Rica, Nicarágua e sudeste de Honduras. Difere da forma típica pela face (região perioftálmica) e pálpebras de cor verde amarelada e a metade inferior do bico vermelho-escuro com tendências ao marrom (chocolate). Habita principalmente as florestas de baixa altitude, mas eventualmente chega a alturas superiores a 2.000 m no Equador.

Outra subespécie é ***R. a. abbreviatus*** (Cabanis, 1862), que é encontrada no extremo norte da Colômbia e norte da Venezuela, onde chega próximo ao litoral do Caribe. Essa subespécie caracteriza-se pelo menor tamanho, sendo muito semelhante a ***swainsonii*** pela face também verde-amarelada, no entanto, o bico é como em ***R. a. ambiguus***, predominando o preto sem vermelho. Existem zonas de transição no encontro das três raças geográficas, em que a identificação destas se torna difícil a nível subespecífico.

Trata-se de uma espécie florestal que explora as copas das árvores à procura de frutos e complementa sua dieta também com ovos e filhotes de outras aves, pequenos lagartos e insetos em geral. É o verdadeiro substituto geográfico do tucano-de-peito-branco (***R. tucanus***) tão típico da maior parte da região amazônica. Vocaliza bastante, freqüentemente aos casais, no alto de árvores e sua voz parece dizer "pié-pi-pi...pié-pi-pi..." sendo traduzida pela população local como: "Dios, tedé-tedé...Dios, tedé- tedé", que em português significa "Que deus lhe dê" e lhe rendeu o nome popular na Colômbia de "diostede" (Olivares, 1969). Haffer (1974) comparou a vocalização de ***R. ambiguus*** com ***R. tucanus*** constatando a grande semelhança inclusive em sonogramas. Hardy *et al* (1996) mostram em gravações que existe uma pequena diferença na vocalização das subspécies ***ambiguus*** e ***swainsonii***.

***R. a. swainsonii** (Gould, 1833) is found on the other side of the Andes, facing the Pacific coastlines of Columbus and Ecuador, extending to Central America through Panama, Costa Rica, Nicaragua and southeastern Honduras. It differs from the typical form in the face (periophthalmic region), with green-yellow eyelids and the lower half of the bill being dark red, shading into chocolate-brown. It usually lives in low-altitude forests, but may reach altitudes of more than 2,000 meters in Ecuador.*

*Another subspecies is the **R. a. abbreviatus** (Cabanis, 1862) which is found in the far north of Columbia and northern Venezuela, where it appears close to the Caribbean coastline. This subspecies is characterized by its smaller size, being very similar to the **swainsonii** through its face, which is also green-yellow, although its bill is more similar to that of the **R. a. ambiguus**, where black predominates with no red. There are transition zones where these three geographic races meet, and where identification becomes difficult at the subspecies level.*

*This is a forest species that flies through the canopy seeking fruits, nuts and berries, supplementing its diet with the eggs and fledglings of other birds, small lizards and insects in general. It is the true geographical substitute of the white-throated toucan (**R. tucanus**), which is so typical of much of the Amazon Region. It calls frequently, often in pairs in the canopy: "pee-eeh-pee-pee...pee-eeh-pee-pee...", translated by local communities as sounding like: "God, give you, give you, give you" in Portuguese. In Columbia, it is commonly known as diostede: god-give-you in Spanish (Olivares, 1969). Haffer (1974) compared the call of the **R. ambiguus** with that of the **R. tucanus**, noting ample similarity, including through sonograms. Hardy et al. (1996) showed through recordings that there is a slight difference in the calls of the **ambiguus** and **swainsonii** subspecies.*

Prancha / Plate 41
TUCANO-DE-PAPO-AMARELO / *YELLOW-THROATED TOUCAN*
Ramphastos ambiguus swainsoni Gould, 1833 – Página ao lado / *Page alongside*

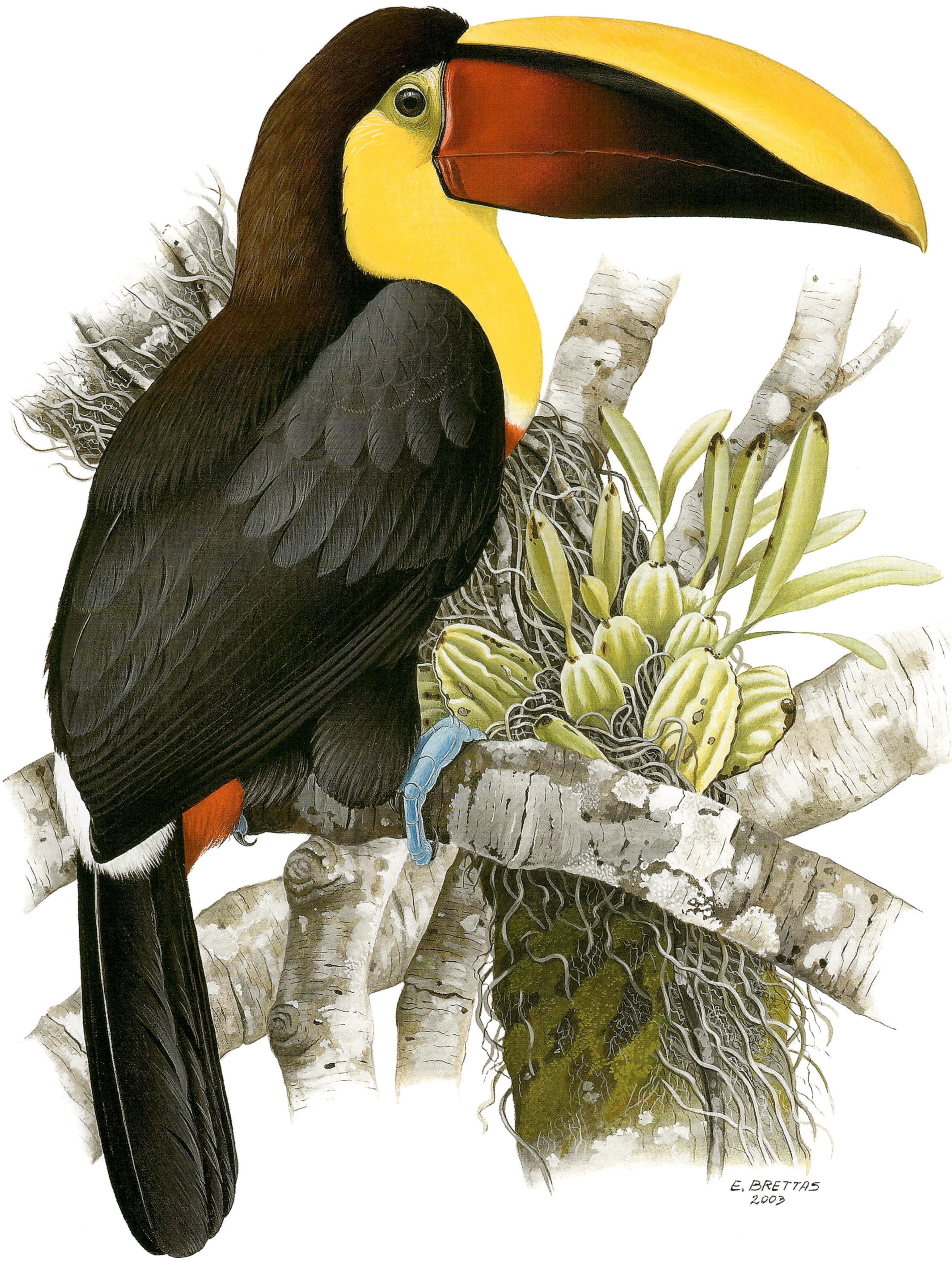
E. BRETTAS
2003

TUCANO-CHOCÓ
Ramphastos brevis Schauensee, 1945

(Prancha 42)

É um tucano de pequeno porte, principalmente se comparado ao **R. ambiguus** com o qual muito se parece. Mede de 48 cm a 50 cm e pesa em torno de 380 g a 480 g; tem o tamanho de **R. dicolorus.**

O termo "Chocó" refere-se a uma Província da Colômbia, divisa com o Panamá, onde vive esse tucano.

Sua distribuição é limitada à região de florestas de baixa altitude voltadas para o lado Pacífico da Colômbia e Equador, chegando a um máximo de 1.500 m de altitude. Apesar da relativa abundância em algumas áreas, a espécie pode ser considerada vulnerável pela distribuição bastante restrita e população mal conhecida. Desloca-se para as regiões mais abertas, inclusive plantações, em busca de árvores em frutificação, geralmente em casais ou grupos de seis a dez indivíduos e freqüentemente em companhia do araçari-coleira (**Pteroglossus torquatus**), evitando a companhia do tucano de papo-amarelo (**R. ambiguus**) (Short e Horne, 2002).

É a mais recente espécie conhecida de tucano, tendo sido descrita primeiramente por Meyer de Schauensee (1945) como uma subespécie de **R. ambiguus**. Certamente essa espécie enganou os antigos naturalistas que com ela se depararam. Exemplares taxidermizados de museus são difíceis de distinguir de **R. a. swainsonii** a não ser pelas medidas, pois o bico de **R. brevis** mede de 120 mm a 156 mm de comprimento e 34 mm a 38 mm de largura na base enquanto o bico de **R. a. swainsonii** mede de 157 mm a 181 mm de comprimento por 23 mm a 28 mm de largura na base. (Hilty e Brown, 1986); atualmente as extensas coleções permitiram evidenciar mais detalhes. Na natureza, a diferença mais importante está na vocalização, pois **R. brevis** emite gritos altos e seqüenciados muito parecidos com **R. vitellinus**.

Do ponto de vista evolutivo, **R. brevis** e **R. ambiguus** representam um interessante caso de espécies crípticas. O tucano-chocó (**R. brevis**) é realmente uma espécie independente e mais relacionada à **R. swaisonii**, enquanto **R. ambiguus** é mais semelhante com **R. tucanus**. É um interessante exemplo do quanto a natureza pode enganar a astúcia de muitos naturalistas.

CHOCO TOUCAN
Ramphastos brevis (Schauensee, 1945)

(Plate 42)

*This is a small toucan, particularly when compared with the **R. ambiguus**, with which it is very similar. With a length of 48 cm to 50 cm, it weighs some 380 g to 480 g. It is the same size as the **R. dicolorus.***

The word choco *refers to a Province of Colombia on the border with Panama, where this toucan is found.*

*Its distribution is limited to the low-altitude forests on the Pacific side of Colombia and Ecuador, up to a maximum altitude of 1,500 meters. Despite its relative abundance in some areas, this species may be rated as vulnerable, due to its somewhat restricted distribution and poorly-known population. It flies to more open areas, including plantations, seeking trees that are fruiting, generally in pairs or groups of six to ten individuals, frequently together with the collared aracari (**Pteroglossus torquatus**), and avoiding the yellow-throated toucan (**R. ambiguus**) (Short & Horne, 2002).*

*This is the most recently-known species of toucan, having been described first by Meyer de Schauensee (1945) as a subspecies of the **R. ambiguus**. This species certainly fooled the old naturalists who encountered it. Specimens preserved through taxidermy in museums are hard to distinguish from the **R. a. swainsonii** except by their measurements, as the bill of the **R. brevis** is 120 mm to 156 mm long and 34 mm to 38 mm wide at the base, while the bill of the **R. a. swainsonii** is 157 mm to 181 mm long with a width of 23 mm to 28 mm at the base (Hilty & Brown, 1986). Today, extensive collections allow more details to be studied. In the wild, the most important difference lies in their calls, as the **R. brevis** utters shrill, regular shrieks that are very similar to the **R. vitellinus**.*

*From the evolutionary standpoint, the **R. brevis** and the **R. ambiguus** represent an interesting case of cryptic species. The choco toucan (**R. brevis**) is really an independent species, related more to the **R. swaisonii**, while the **R. ambiguus** is more similar to the **R. tucanus**. This is an interesting example of the extent to which Nature can mislead even the most astute naturalists.*

Prancha / Plate 42
TUCANO-CHOCÓ / CHOCO TOUCAN
Ramphastos brevis Schauensee, 1945 – Página ao lado / *Page alongside*

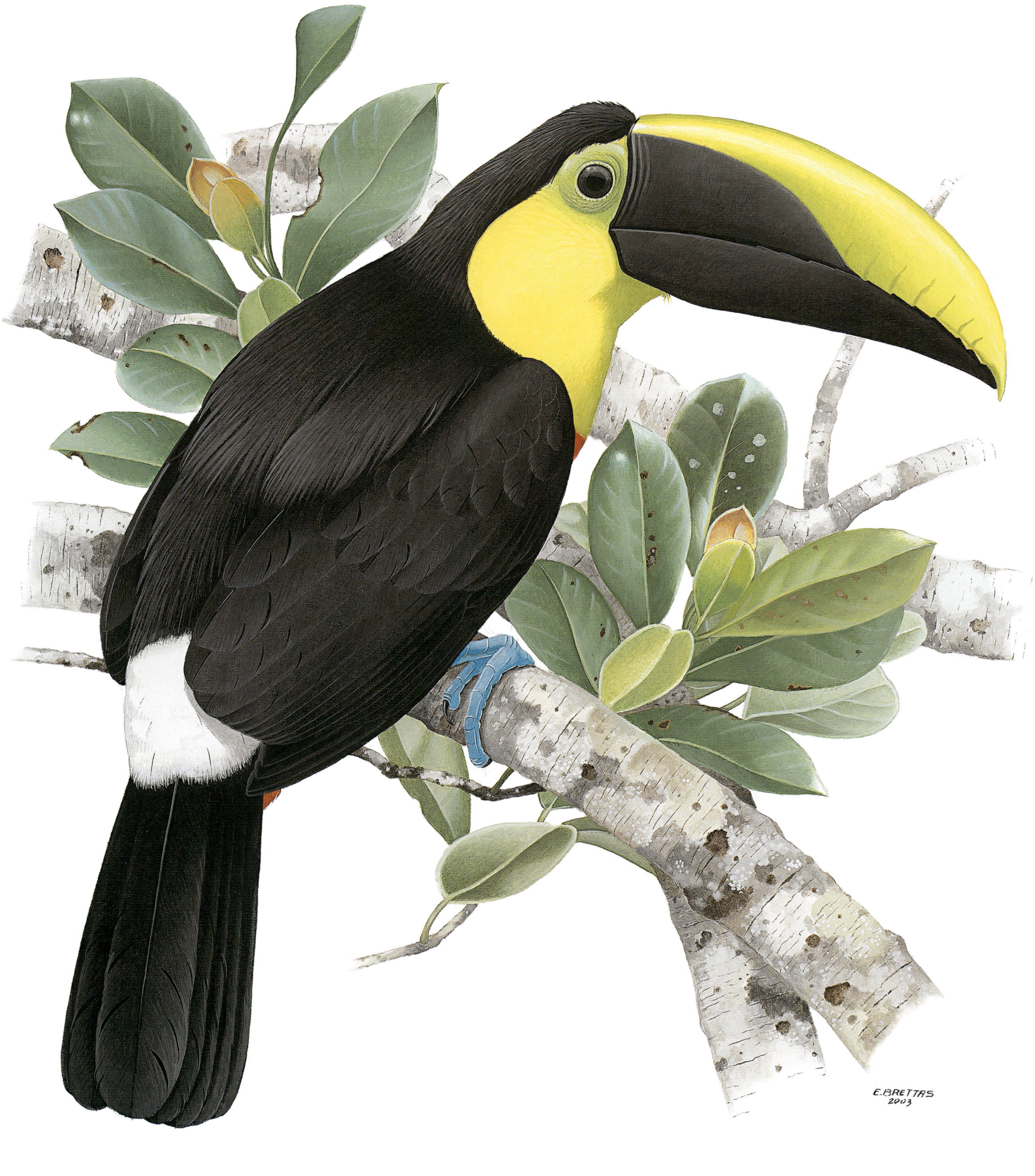
E.BRETTAS
2003

TUCANO-DE-BICO-ARCO-ÍRIS
Ramphastos sulfuratus Lesson, 1830
(Prancha 43)

Distingue-se de todos os demais pelo bico com um padrão totalmente diferente e ricamente colorido. Na plumagem e no tamanho, é muito semelhante a **R. brevis**; a diferença é apenas no bico. Ademais, sua distribuição é alopátrica com **R. brevis**, isto é, embora próximas essas espécies não ocupam a mesma região geográfica.

Mede de 48 cm a 52 cm de comprimento e pesa em torno de 280 g a 400 g. Como os demais tucanos, seu peso é variável e nos períodos de alimentação mais farta ficam bastante gordos.

Distribui-se do sul do México até o litoral norte da Colômbia e Venezuela voltados para o Caribe. Vive nas matas úmidas de baixa altitude, raramente ultrapassando os 800 m, às vezes saindo em áreas abertas à procura de árvores em frutificação e algumas plantações como as de banana e café. Forrageia em casais ou pequenos grupos e ocasionalmente em grupos maiores de até dez a quinze indivíduos. Vocalizam bastante emitindo uma seqüência de trinados agudos que parecem dizer "trrrii-trrrrii-trrrii..." muito rápido e repetitivo, diferente de outros tucanos, conforme pode ser constatado em Hardy *et al* (1996).

Duas subespécies são descritas: **R. s. sulfuratus** (Lesson, 1830), a forma típica, ocorre do sudeste do México até Honduras, sendo caracterizada pela ausência quase completa de penas vermelhas na parte inferior do papo amarelo. A outra, **R. sulfuratus brevicarinatus** (Gould, 1854), que ocorre de Honduras até o norte da Colômbia e Venezuela (litoral voltado para o Caribe), apresenta uma faixa vermelha na porção inferior do papo amarelo. Na Guatemala, Belize e Honduras existe uma grande variação dessa característica, sendo difícil precisar a subespécie dessa região.

Nidifica em cavidades de árvores a média ou grande altura, podendo utilizar cavidades muito pequenas que surpreendem o observador; postura de dois a quatro ovos e machos e fêmeas se revezam na incubação. Entre seus predadores estão o falcão (**Micrastur semitorquatus**) e o gavião (**Spizaetus ornatus**).

RAINBOW-BILLED TOUCAN
Ramphastos sulfuratus Lesson, 1830
(Plate 43)

*This toucan is distinguished from all the others by its bill, with a completely different and brightly colored pattern. Its plumage and size is very similar to the **R. brevis**, with a difference only in the bill. Additionally, its distribution is allopatric with the **R. brevis**, meaning that, although close, these species do not live in the same geographical region.*

With a length of 48 cm to 52 cm, it weighs around 280 g to 400 g. Like the other toucans, its weight is variable, and it grows quite fat during periods when food is plentiful.

Its distribution ranges from southern Mexico as far as the northern shores of Colombia and Venezuela, facing the Caribbean. It lives in low-altitude rainforests, rarely found above 800 m, and at times venturing into open areas in search of fruit trees, palm groves and plantations, particularly bananas and coffee. It forages in pairs or small groups, and occasionally in larger groups of ten to 15 individuals. Quite noisy, it utters a sequence of high trills, which sound like "trrrii-trrrrii-trrrii..." very fast and repetitive, very different to other toucans, as can be heard in Hardy et al. (1996).

*Two subspecies are described; the **R. s. sulfuratus** (Lesson, 1830), the typical form, is found from southeast Mexico to Honduras, characterized by the almost complete absence of red feathers around the lower portion of the yellow throat. The **R. sulfuratus brevicarinatus** subspecies (Gould, 1854), which is found from Honduras to northern Colombia and Venezuela, on the Caribbean coastline, presents a red strip along the lower portion of the yellow throat. In Guatemala, Belize and Honduras, there are many variations of this characteristic, making it hard to stipulate the subspecies for this region.*

*Nesting in the cavities of medium or tall trees, it may slip into tiny cavities that surprise the observer; it lays two to four eggs, with males and females taking turns to incubate them. Its predators include the **Micrastur semitorquatus** falcon and the **Spizaetus ornatus** hawk.*

Prancha / Plate 43
TUCANO-DE-BICO-ARCO-IRIS / *RAINBOW-BILLED TOUCAN*
Ramphastos sulfuratus brevicarinatus Gould, 1854 – Página ao lado / *Page alongside*

E. BRETTAS
2003

TUCANO-TOCO
Ramphastos toco Müller, 1776
(Prancha 44)

Também chamado de tucanuçu e tucano-boi, é o maior representante da família. Mede cerca de 60 cm e pesa em torno de 550 g a 800 g. Seu bico, em volume, é também o maior dentre todos os tucanos, mas em comprimento é, às vezes, superado por alguns indivíduos de *R. tucanus cuvieri*.

Destaca-lhe a cor vermelho-laranja do descomunal bico que parece desequilibrar a ave e a extremidade com uma nódoa preta de forma oval; na face, a cor varia do amarelo ao laranja, quando na fase de reprodução, salientando-se um anel azul intenso circundando o olho escuro.

Duas subespécies são reconhecidas, com diferenças muito tênues, a forma típica. ***R. t. toco*** (Müller, 1776), que ocorre nas Guianas e no Brasil, no leste de Roraima, leste do Amapá, ambas as margens de todo o rio Amazonas, Pará e Maranhão; nesta subespécie, o branco da garganta é tingido nitidamente de amarelo e na borda inferior apresenta uma discreta cinta vermelha. A outra raça, ***R. t. albogularis*** (Cabanis, 1862), caracteriza-se por ter a garganta totalmente branca e praticamente ausência de penas vermelhas na borda inferior. Sua distribuição vem desde o Piauí, Tocantins, Mato Grosso até o Rio Grande do Sul, inclusive Bolívia, extremo oeste do Peru e norte da Argentina (Missiones); sua distribuição exclui o litoral brasileiro do Nordeste para o Sul.

Diferente dos demais tucanos, não costuma ser ser muito gregário, vivendo aos casais, ou pequenos grupos de três a cinco exemplares, certamente em família e não raro forrageiam solitários. Prefere os campos arborizados e cerrados, chegando às bordas das florestas, evitando o interior das grandes matas. Vocalizam aos casais ou em pequenos grupos, emitindo um chamado rouco e grave: "krrrrrraaa...krrrrraa...", com seu bico funcionando como caixa de ressonância; produz ainda um tremular mais baixo que parece um bater de bico. Alimenta-se de frutos, insetos, aranhas, pequenos lagartos, pequenos mamíferos e preda ninhos de outras aves, bebendo os ovos e engolindo os filhotes.

Nidifica em cavidades, freqüentemente de palmeiras (possivelmente em ninhos de psitacídeos), onde põe cerca de três ovos; a incubação é realizada pelos machos e fêmeas durante um período de 17 a 18 dias. Vive por um longo tempo em cativeiro, onde inclusive se reproduz.

TOCO TOUCAN
Ramphastos toco Müller, 1776
(Plate 44)

*Also called the giant toucan (tucanuçu) and the bull-toucan (tucano-boi), this is the largest representative of the family. With a length of some 60 cm, it weighs around 550 g to 800 g. By volume, its bill is also the largest among all the toucans, although at times its length is exceeded by some individual representatives of the **R. tucanus cuvieri**.*

The orange-red color of its unusual bill seems to unbalance the bird, with an oval black protuberance at the tip. The face color varies from yellow to orange, during the breeding phase, with a bright blue ring surrounding its dark eyes.

*Two subspecies are recognized, with very minor differences from the typical form. The **R. t. toco** (Müller, 1776) is found in the Guianas and Brazil, in eastern Roraima and eastern Amapá States, along both banks of the entire Amazon River, as well as Pará and Maranhão States. In this subspecies, the white throat is clearly tinted with yellow, and the lower edge features a discreet red strip. The other race, the **R. t. albogularis** (Cabanis, 1862) is characterized by a completely white throat, with almost no red feathers on the lower edge. Its distribution ranges from Piauí, Tocantins and Mato Grosso States as far as Rio Grande do Sul State in the south, and includes Bolivia, the far west of Peru and northern Argentina (Missiones). Its distribution does not include the Brazilian coastline from the northeast to the south.*

In contrast to other toucans, it is not very gregarious, living in pairs or small groups of three to five specimens, certainly in families; it often forages alone. Preferring tree-dotted fields and cerrado savannas, it may explore the edges of forests, while avoiding their depths. Vocalizing in pairs or small groups, it utters a deep, harsh call: krrrrrraaah...krrrrraaah..." with its bill serving as a sounding box; it also produces a deeper trill that sounds as though it is clicking its bill. Feeding on nuts, fruits, berries, insects, spiders, lizards and small mammals, it preys on the nests of other birds, sucking the eggs dry and swallowing the fledglings.

It nests in cavities, often in palm trees (possibly in psittacid nests), where it lays some three eggs; the males and females share incubation during 17 to 18 days. It has a long lifetime when kept in captivity, where it even breeds.

Prancha / Plate 44
TUCANO-TOCO / *TOCO TOUCAN*
Ramphastos toco toco Müller, 1776 – Página ao lado / *Page alongside*

E.BRETTAS
2003

BIBLIOGRAFIA

BALLMANN, P. *Die Vögel aus der altburdigalen Spaltenfüllung von Wintershof (West) bei Eichstätt in Bayen.* Zitteliana 1: 5-60, 1969.

BALLMANN, P. *A new species of fossil barbet (aves: piciformes) from the late Miocene of the Nördlinger Ries (southern Germany).* J. Vert. Paleontology 3: 43-48. 1983.

BATES, W. B. *Um naturalista no rio Amazonas.* Trad. Regina Régis Junqueira. São Paulo: Editora Itatiaia, 1979, 300p.

FORRESTER, B. *Birding Brazil – A checklist and site guide.* Impresso particularmente,1993.

GYLDENSTOLPE, N. *The bird fauna of rio Juruá in western Brazil.* Kungl. Svenska Vetenskapsakademiens handlingar (tredje series) 22: 1-338. 1945.

GONZAGA, L.; CASTIGLIONI, G. *Aves das montanhas do sudeste do Brasil.* CD-Rom. Manaus: Sonopress, 2001.

GOULD, J. *A monograph of the Ramphastidae or family of the toucans.* 2. ed., Londres: edição publicada particularmente (*Fac-simile* JARI Companhia Florestal Monte Dourado, Belém, 1992), 1854.

HAFFER, J. *Avian speciation in tropical South America.* Cambridge: Nuttall Ornithological Club, n. 14, 1974, 390p.

HARDY, J.; PARKER III, T.; TAYLOR, T. *Voices of the toucans.* Gainesville: ARA Records, 1996.

HILTY, S.; BROWN, W. *A guide to the birds of Colombia.* New Jersey, Princeton University Press, 1986, 836p.

HÖFLING, E.; ALVARENGA, H. *Osteology of the shoulder girdle in the piciformes, passeriformes and related group of birds.* Zoologischer Anzeiger, 240:196-208, 2001.

NOVAES, F. C. "Sobre uma coleção de aves do sudeste do estado do Pará." In: Arquivos de Zoologia do Estado de S. Paulo, 11: 133-146, São Paulo, 1958.

NOVAES, F.; LIMA, M. *Variação geográfica e anotações sobre a morfologia e biologia de Selenidera gouldii (Piciformes: Ramphastidae).* Ararajuba, 2: 59-63, 1991.

OLSON, S. "The fossil record of birds." In: FARMER, D. S.; KING, J.R.; PARKES, K.C. (eds.) *Avian biology.* v. 8. . Nova York: Academic Press, 1985, pp. 79-256.

OLSON, S. L.; RASMUSSEN, P. *Miocene and pliocene birds from the Lee Creek Mine, North Carolina.* Smithsonian contribution on Paleobiology, 90: 233-365. 2001.

O'NEILL, J.; GARDNER, A. Rediscovery of *Aulacorhynchus prasinus dimidiatus* (Ridgway), Auk 91 (4):700-704, 1974.

PINTO, O. *Catálogo das aves do Brasil.* São Paulo. Primeira parte. São Paulo: Secretaria da Agricultura do Estado de São Paulo, 1938, 566p.

PINTO, O. *Novo catálogo das aves do Brasil.* Primeira parte. São Paulo: Empresa gráfica da Revista dos Tribunais, 1978, 446p.

PRUM, R. O. *Phylogenetic interrelationships of the barbets (Aves: Capitonidae) and toucans (Aves: Ramphastidae) based on morphology with comparisons to DNA-DNA hybridization.* Zool. J. Linn. Soc. 92:313-343. 1988.

SIBLEY, C.; MONROE Jr., B. *Distribution and taxonomy of birds of the world.* New Haven: Yale University Press, 1990, 1111p.

STEWART, J. "The evidence for the timing of speciation of modern continental birds and the taxonomic ambiguity of the Quaternary Fossil Record." In: ZHOU, Z. and ZHANG, Fucheng (eds.) Proceedings of the 5th Symposium of the Society of Avian Paleontology and Evolution, Beijing, 1-4. jun. 2000, Beijing: Science Press, 2002, pp. 259-280.

SHORT, L.; HORNE, J. "Family Ramphastidae *(Toucans).*" In: DEL HOYO, J. ELLIOTT, A.; SARGATAL, J. (eds.). *Handbook of the birds of the world.* v. 7, Jacamars to Woodpeckers. Barcelona: Lynx Ediciones, 2002, pp.220-272.

SICK, H. *Ornitologia brasileira: uma introdução.* V. 2. Brasília: Ed. Universidade de Brasília, 1984.

SICK, H. *Ornitologia brasileira.* Rio de Janeiro: Editora Nova Fronteira,1997, 862 p.

TYRBERG, T. "Avian species turnover and species longevity in the Pleistocene of the Palearctic." In: ZHOU, Z.; ZHANG, F. (eds.) Ata do 5º Simpósio da Society of Avian Paleontology and Evolution, Beijing, 1-4. jun. 2000. Beijing: Science Press, 2002, pp. 281-289.

WINKER, K. *A new subspecies of toucanet (Aulacorhynchus prasinus) from Veracruz, Mexico.* Ornitologia Neotropical.11: 253-257. 2000.

REFERENCES

BALLMANN, P. *Die Vögel aus der altburdigalen Spaltenfüllung von Wintershof (West) bei Eichstätt in Bayen.* Zitteliana 1: 5-60, 1969.

BALLMANN, P. *A new species of fossil barbet (aves: piciformes) from the late Miocene of the Nördlinger Ries (southern Germany).* J. Vert. Paleontology 3: 43-48, 1983.

BATES, W. B. *Um naturalista no rio Amazonas.* Transl. Regina Régis Junqueira. São Paulo: Editora Itatiaia, 1979, 300p.

FORRESTER, B. *Birding Brazil – A checklist and site guide.* Printed privately, 1993.

GYLDENSTOLPE, N. *The bird fauna of rio Juruá in western Brazil.* Kungl. Svenska Vetenskapsakademiens handlingar (tredje series) 22: 1-338, 1945.

GONZAGA, L.; CASTIGLIONI, G. *Aves das montanhas do sudeste do Brasil.* CD-Rom. Manaus: Sonopress, 2001.

GOULD, J. *A monograph of the Ramphastidae or family of the toucans.* 2. ed., Londres: edition printed privately (*Fac-simile* JARI Companhia Florestal Monte Dourado, Belém, 1992), 1854.

HAFFER, J. *Avian speciation in tropical South America.* Cambridge: Nuttall Ornithological Club, n. 14, 1974, 390p.

HARDY, J.; PARKER III, T.; TAYLOR, T. *Voices of the toucans.* Gainesville: ARA Records, 1996.

HILTY, S.; BROWN, W. *A guide to the birds of Colombia.* New Jersey, Princeton University Press, 1986, 836p.

HÖFLING, E.; ALVARENGA, H. *Osteology of the shoulder girdle in the piciformes, passeriformes and related group of birds.* Zoologischer Anzeiger, 240:196-208, 2001.

NOVAES, F.C. "Sobre uma coleção de aves do sudeste do estado do Pará." In: *Arquivos de Zoologia do Estado de S. Paulo*, 11: 133-146, São Paulo, 1958.

NOVAES, F.; LIMA, M. *Variação geográfica e anotações sobre a morfologia e biologia de Selenidera gouldii (Piciformes: Ramphastidae).* Ararajuba, 2: 59-63, 1991.

OLSON, S. "The fossil record of birds." In: FARMER, D. S.; KING, J.R.; PARKES, K.C. (eds.) *Avian biology.* v. 8. . Nova York: Academic Press, 1985, pp. 79-256.

OLSON, S. L.; RASMUSSEN, P. *Miocene and pliocene birds from the Lee Creek Mine, North Carolina.* Smithsonian contribution on Paleobiology, 90: 233-365, 2001.

O'NEILL, J.; GARDNER, A. Rediscovery of *Aulacorhynchus prasinus dimidiatus* (Ridgway), Auk 91 (4):700-704, 1974.

PINTO, O. *Catálogo das aves do Brasil.* São Paulo. Primeira parte. São Paulo: Secretaria da Agricultura do Estado de São Paulo, 1938, 566p.

PINTO, O. *Novo catálogo das aves do Brasil.* Primeira parte. *São Paulo*: Empresa gráfica da Revista dos Tribunais, 1978, 446p.

PRUM, R. O. *Phylogenetic interrelationships of the barbets (Aves: Capitonidae) and toucans (Aves: Ramphastidae) based on morphology with comparisons to DNA-DNA hybridization.* Zool. J. Linn. Soc. 92:313-343, 1988.

SIBLEY, C.; MONROE Jr., B. *Distribution and taxonomy of birds of the world.* New Haven: Yale University Press, 1990, 1.111p.

STEWART, J. "The evidence for the timing of speciation of modern continental birds and the taxonomic ambiguity of the Quaternary Fossil Record." In: ZHOU, Z. and ZHANG, Fucheng (eds.) *Proceedings of the 5th Symposium of the Society of Avian Paleontology and Evolution*, Beijing, 1-4. jun. 2000, Beijing: Science Press, 2002, pp. 259-280.

SHORT, L.; HORNE, J. "Family Ramphastidae *(Toucans).*" In: DEL HOYO, J. ELLIOTT, A.; SARGATAL, J. (eds.). *Handbook of the birds of the world.* v. 7, Jacamars to Woodpeckers. Barcelona: Lynx Ediciones, 2002, pp.220-272.

SICK, H. *Ornitologia brasileira: uma introdução.* V. 2. Brasília: Ed. Universidade de Brasília, 1984.

SICK, H. *Ornitologia brasileira.* Rio de Janeiro: Editora Nova Fronteira, 1997, 862 p.

TYRBERG, T. "Avian species turnover and species longevity in the Pleistocene of the Palearctic." In: ZHOU, Z.; ZHANG, F. (eds.) Proceedings of the 5th Symposium of the Society of Avian Paleontology and Evolution, Beijing, 1-4. jun. 2000. Beijing: Science Press, 2002, pp. 281-289.

WINKER, K. *A new subspecies of toucanet (Aulacorhynchus prasinus) from Veracruz, Mexico.* Ornitologia Neotropical.11: 253-257, 2000

ESTE PROJETO FOI DESENVOLVIDO POR
M. PONTUAL EDIÇÕES E ARTE, EM MAIO DE 2004, NO RIO DE JANEIRO, RJ, BRASIL.

IMPRESSO SOBRE PAPEL COUCHÉ FOSCO 170 GRAMAS
NO FORMATO DE 295 X 330 MM, POR IPSIS GRÁFICA, SÃO PAULO, SP, BRASIL,
PARA M. PONTUAL EDIÇÕES E ARTE, RIO DE JANEIRO, RJ, BRASIL.

THIS PROJECT WAS DEVELOPED BY
M. PONTUAL EDIÇÕES E ARTE, IN MAY 2004, IN RIO DE JANEIRO, RJ, BRAZIL.

PRINTED ON 170G MATTE COUCHÉ PAPER
MEASURING 295 X 330 MM, BY IPSIS GRÁFICA, SÃO PAULO,SP, BRAZIL,
FOR M. PONTUAL EDIÇÕES E ARTE, RIO DE JANEIRO, RJ, BRAZIL..

CRÉDITO / *CREDITS*

Copyright © 2003 dos textos: M. Pontual Edições e Arte, Rio de Janeiro, RJ, Brasil. Esta publicação está protegida no que concerne à sua propriedade em termos de direitos autorais e editoriais. Todos os direitos reservados, inclusive os de reprodução, no todo ou em parte, através de quaisquer meios.

Copyright © 2003 on the texts: M. Pontual Edições e Arte, Rio de Janeiro, RJ, Brazil.
The ownership of this publication is protected in terms of publishing and author's rights.
All rights reserved, including full or partial reproduction rights in any media whatsoever.

COORDENAÇÃO EDITORIAL / *PLANNING AND COORDINATION*
MAURÍCIO PONTUAL

PRODUÇÃO EXECUTIVA / *EXECUTIVE PRODUCTION*
RODRIGO PONTUAL

ELABORAÇÃO DO PROJETO / *PROJECT ELABORATION*
CULTURARTE PRODUÇÕES, RIO DE JANEIRO, RJ, BRASIL

TEXTO / *TEXT*
HERCULANO MARCOS FERRAZ DE ALVARENGA

REVISÃO / *REVISION*
KARINE FAJARDO (VERSÃO EM PORTUGUÊS / *PORTUGUESE VERSION*)
CYNTHIA AZEVEDO (VERSÃO EM INGLÊS / *ENGLISH VERSION*)

ILUSTRAÇÕES EM AQUARELA / *WATERCOLOR ILLUSTRATIONS*
EDUARDO PARENTONI BRETTAS

PINTURAS DE FLORESTAS / *JUNGLE PAINTINGS*
MAURÍCIO BARBATO

TRADUÇÃO / *TRANSLATION*
CAROLYN BRISSETT

DESIGN E PLANEJAMENTO GRÁFICO / *DESIGN AND LAYOUT*
WALNEY DE ALMEIDA

DESIGNER ASSISTENTE / *ASSISTANT DESIGNER*
AGUINALDO MATTOS

TRATAMENTO DE IMAGENS / *IMAGE TREATMENT*
ROBERTA O. F. WITT
KELLY REGINA POLATO
ANA LUCIA F. PINTO

DIGITALIZAÇÃO DE IMAGENS E FECHAMENTO DE ARQUIVOS / *IMAGE DIGITIZATION AND FILE COMPLETION*
RCS ARTE DIGITAL, SÃO PAULO, SP, BRASIL

IMPRESSÃO E ACABAMENTO / *PRINTING AND FINISHING*
IPSIS GRÁFICA , SÃO PAULO, SP, BRASIL

CIP-BRASIL. CATALOGAÇÃO-NA-FONTE
SINDICATO NACIONAL DOS EDITORES DE LIVROS, RJ.

A47t

Alvarenga, Herculano, 1947-
    Tucanos das Américas - Toucans of the Americas
/ autor, Herculano Alvarenga ; aquarelas, Eduardo Brettas ;
apresentação Mauricio Pontual ; (versão para o inglês Carolyn
Brissett), - Rio de Janeiro : M. Pontual, 2004
    120p. : il. color. ;

  Inclui bibliografia
  ISBN 85-98886-01-7

    1. Tucano - Catálogos e coleções. 2. Tucano - Identificação. 3.
Tucano - Obras ilustradas.
I. Brettas, Eduardo. II. Título

04-3075.   CDD 598.72
                CDU 598.721

TOUCANS OF THE AMERICAS | **TUCANOS DAS AMÉRICAS**